U0235225

中国水文化建设丛书

水　之　颂

——全国水利系统纪念中国共产党成立90周年征文获奖作品选

水利部精神文明建设指导委员会办公室　编
中　国　水　利　文　学　艺　术　协　会

黄河水利出版社

图书在版编目（CIP）数据

水之颂/王经国主编；水利部精神文明建设指导委员会办公室，中国水利文学艺术协会编.—郑州：黄河水利出版社，2012，6

ISBN 978-7-5509-0281-7

Ⅰ.水…　Ⅱ.①王…②水…③中…　Ⅲ.①诗集-中国-当代②散文集-中国-当代 Ⅳ.①Ⅰ217.1

中国版本图书馆CIP数据核字（2012）第114935号

组稿编辑：韩美琴 电话：0371-66024331 E-mail:hanmq93@163.com

出 版 社：黄河水利出版社

地址：河南省郑州市顺河路黄委会综合楼14层　邮政编码：450003

发行单位：黄河水利出版社

发行部电话：0371-66028414、60226940、60226924、60222620（传真）

E-mail:hhslcbs@126.com

承印单位：河南省瑞光印务股份有限公司

开本：787mm×1 092mm　1/16

印张：16

字数：213千字　　印数：1-1 000

版次：2012年6月第1版　　印次：2012年6月第1次印刷

定价：40.00元

编委会名单

心声献给党

（序一）

2011年是中国共产党成立90周年。90年前，在中国各族人民反帝反封建的艰苦斗争中，在世界无产阶级革命的澎湃运动中，中国共产党应运而生。从那时起，一代代中国共产党人始终以实现中华民族伟大复兴为己任，紧紧团结和依靠全国各族人民不懈奋斗，走过了90年艰辛而辉煌的历程，夺取了中国革命、建设、改革的伟大胜利。

建党90年的历史，也是我们党领导人民兴水利、除水害、促发展、惠民生的历史。90年来，在中国共产党的坚强领导下，全国各族人民同心协力、团结治水，一代又一代水利人顽强拼搏、无私奉献，推动我国水利事业发生了翻天覆地的深刻变化，取得了举世瞩目的巨大成就，为经济发展、社会进步、人民安居乐业作出了突出贡献，谱写了中华民族治水史上光辉灿烂的壮丽篇章。长期以来，水利系统各级党组织和广大党员怀着对党、对祖国、对人民、对水利事业的满腔赤诚和无比热爱，充分发挥党组织的战斗堡垒作用和共产党员的先锋模范作用，把心血和汗水洒在了祖国的江河大地，用智慧和忠诚铸就了一座座水利丰碑。

为隆重纪念中国共产党成立90周年，礼赞祖国秀美江河，讴歌水利干部职工薪新精神风貌，繁荣水利文学创作，提高全社会关心水利、支持水利和参与水利的积极性，为推进水利改革发展新跨越提供强大的精神动力和文化支撑，水利部精神文明建设指导委员会办公室和中国水利文学艺术协会共同举办了全国水利系统纪念建党90周年征文活动。本次征文活动得到了水利系统广大干部职工的积极响应，受到了社会各界的广泛关注。广大水利工作者纷纷以手中饱蘸激情的笔，创作和发表了大量文学作品，热情讴歌水利人迎难而进的奋斗历程和可歌可泣的感人事迹。征文大赛组委会共收到全国水利系统53个单位报送的328篇作品，其中诗歌220篇，散文108篇。组委会成立了征集作品专家评审委员会，聘请叶延斌、冯秋子、常莉、杨志学、谈著等5位著名作家、诗人担任专家评委，对全部征文进行了认真评审，评选出了一批时代性、思想性、艺术性较高的作品，荟萃成这本《水之颂》。这些作品紧扣时代进步和水利改革发展主题，歌颂了在中国共产党领导下水利事业发生的巨大变化，颂扬了新时期水利改革与发展的辉煌成就，体现了激昂奋进的时代风貌和广大水利职工“献身、负责、求实”的水利行业精神。作品既反映出作者较高的审美品位和艺术追求，又体现了浓郁的生活气息和水利特色，是水利人献给中国共产党成立90周年的珍贵礼物。

回顾党的90年光辉历程，我们感到无比骄傲和自豪；展望水利事业美好前景，我们充满必胜信心和力量。让我们紧密团结在以胡锦涛同志为总书记的党中央周围，深入贯彻落实科学发展观，积极践行可持续发展治水思路，抓住机遇，锐意进取，开拓创新，扎实工作，在新的伟大征程中不断谱写水利改革发展新篇章，为夺取全面建设小康社会新胜利、开创中国特色社会主义事业新局面作出新的贡献！

是为序。

陈雷

2012年6月5日于北京

大地为纸 江河抒怀

（序二）

由水利部精神文明办公室与中国水利文学艺术协会联合举办的全国水利系统纪念中国共产党成立90周年征文活动得到了广大水利工作者的热情响应，其中的优秀获奖作品编选成这部《水之颂》，这是献给中国共产党成立90周年的一份厚礼，也是中国水文化建设的重要成果，更让我感到振奋的是，这部作品展现了中国水利工作者优秀的文学素养和高洁的精神品格。

《水之颂》是一部在中国共产党领导下中国水利事业的颂歌。“世间万物，大能为天下利器之首者，唯水而已……建国伊始，百废待兴，重整旧山河，建设新家园，改革开放，成果辉煌，完善治水方略，筑牢安全屏障……古往今来，水事悠悠。西水东归，乃顺自然法则；南水北调，成就世纪梦想。鉴古而知今，继往而开来。”（引自《水之礼赞》）是啊，改天换地，沧海桑田，中国共产党领导中国人民走向富强的历史，在水利事业上最能体现，同时水利事业的巨大成果，也实实在在地改变了山河面貌，改善了人民的生存条件、生产水平和生活环境。可以这样说，广大水利工作者用他们对事业的一片赤诚和无私奉献，让人

们切切实实体会到共产党与人民“鱼水”不可分的亲密联系。特别让我感动的是，在这些作品中，许多散文和诗篇都表现了水利工作者那种高度的事业心，表现了水利战线强大的凝聚力，使这个伟大事业的每个成员内心都充满了责任感和归属感。郑旭惠的散文《我与父亲的水利情》，在精短的篇幅中写出了一个普遍水利人真实形象：“在父亲眼里，他的工程就如他的子女。他长年累月不离工地……听母亲讲，劳惠渠建成的那年，我的大哥出生了，父亲得了这个喜讯，就给他取名劳惠。在父亲的心里，最美好的事情莫过于水利。”真实而朴素的述叙让一个热爱水利事业的父亲站在每一个读者面前！

《水之颂》是一部行走于中国大地上的水利工作者们共同谱写的热爱之歌。水利人把蓝天当做房顶，把大地当作画板，用热血、汗水和泪水书写对祖国山河的大爱之情，书写着对江河湖海的似水柔情，书写着献身事业渴望弄潮的满腔豪情：“人生如河，发轫于小溪，归集于大海。一路上栉风沐雨，虽千折百回而不止于奔腾；沿途不舍涓滴，虚怀若谷而汇集巨流。任人汲取，甘心奉献；托物载舟，宅心仁厚。以江河为鉴，人的胸怀会如河谷一样豁达，人的志向会如江河一样远大，人的精神会如波涛一样向前。”（引自《湘水悠悠》）仁者乐山，智者乐水，天天和江河相处的人们，也有江河的激情和志趣。在《春回都江堰》我们从诗行中读到“把清秀还给山水／把翠绿还给大地”的深沉呼喊。在《那一片绿》中我们读到小流域工程后面：“兴国山歌的那一片绿啊／绿得艰辛／绿得透亮／绿得郁郁葱葱／充满生机。”

《水之颂》是一部让读者看到人与自然和谐相处的可持续发展的希望之歌。水利是农业的命脉，水利是生态治理的源头，水利更是可持续发展的国民经济的血脉！从《七月，苏州河的歌》我们看到环境的变化与科学治水的前景。从《为治准，插上梦想翅膀》我们重温了淮河治理的梦想与希望。从《水韵神州》我们读到了水利的辉煌成果，也读到了水利人的雄心抱负。从《中国血脉　江河抒怀》我们读到："点点滴滴，浩浩荡荡／都是对中国的情／都是对华夏的爱！"读着这些来自水利系统基层职工的诗文作品，我对中国水利事业充满了信心，因为在他们的字里行间，流淌着的是他们充满希望的心声。

这是一本值得认真阅读的好书，《水之颂》的出版，是全系统征文活动的成果。我们看到的只是整个水利系统职工所写的部分作品，这些来自基层的文字，用时尚的说话是"草根"写作，真实、底层、自然、朴素，它不仅反映了水利系统职工的文化素质，也纪录了水利系统当下的职工精神状态和生活状态，具有文化史料的价值。文化建设已经成了各行业都重视的事情，建图书馆，修体育场，是硬件建设，搞各种演出丰富职工生活也十分重要，然而最重要的文化建设，是人的文化水平的提高，是人的素质的提高。因此，有更多的职工热爱读书，有更多的基层职工拿起笔写诗著文，这是打基础的建设，是关于心灵的重大工程。

让我感到欣喜的是，这部书的作者，有的是工程师，有的是基层职工，特别是获奖的作品，已有相当的水平，不仅文字流畅，生动刻画人物，清晰表现事件，而且还从这些诗歌与散文中感受到他们对社会、对历史以及对自然和水利工程等宽广的知识积累。因此，我对中国的水利事业充满信心，对中国水利系统广大职工充满了敬意。特别值得一提的是水利部精神文明办公室和水利文艺协会做了一件很有意义的事业，希望“中国水文化建设”不仅在系统中坚持做下去，而且成为全民的文化活动，越做越精彩！

叶延滨

2011年8于北京

叶延滨

著名诗人及散文、杂文作家。《诗刊》原主编。中国作家协会全国委员会委员，享受国务院政府津贴专家。著有诗集、文集40余部。部分作品被译为英、法、俄、德、日、意、韩等文字。曾获中国作家协会优秀中青年诗人诗歌奖(1979—1980)、第三届中国新诗集(1985—1986)奖，以及十月文学奖、四川文学奖、北京文学奖、郭沫若文学奖等多种奖项。

水事悠悠。

写下这些关于水的文章的人，都在水利战线上，停下手里的活儿，与别人交流经年累月的体验。难得之处，是读者能够从这些具体平常的人那里读到宏观意义上的水，真实地领教曾经或者正在发生的大大小小的水事，懂得滴水能够穿石、水覆或者水载的刻骨铭心的痛与欢。写作者与读者间没有距离，因为他们生活在读者中间，因为水在他们和读者中间流转。水的滋味从写作者那里，渗漏读者心间。水事无小，负载千万。由此，发出关涉水之声音，如童声，似天籁。顺应水治理水的人们，以脚力，以心力，以智力，以素朴的常人情致，把水捧在胸怀，修缮理路。这像是一则古老传说。不止于文学。

——冯秋子

冯秋子

原名冯德华，女，著名作家，《诗刊》副主编，中国作家协会会员。著有散文集《太阳升起来》《寸断柔肠》《生长的和埋藏的》等，曾获《人民文学》优秀散文奖、《北京文学》老舍散文奖等。

从这些“水利人写，写水利人”的诗歌作品里，我看到了大江大河那种“惊涛拍岸，卷起千堆雪”的宏阔场景和壮丽画卷，也听到了水库、浅滩、小河、溪流那“波澜不惊”的深情歌唱。这里，新诗旧诗并置，风格手法多样，均洋溢着饱满的诗情，从不同角度展现了我国水利事业的面貌和成就，表现了水利人的执着坚守和丰富美好的内心世界。不少篇章注意了诗的构思和提炼，有较强的艺术感染力。这是水利系统诗歌创作的一个阶段性成果，可喜可贺。

——杨志学

杨志学

笔名杨墅、梦阳。诗人、评论家、文学博士，《诗刊》编辑部副主任，中国作家协会会员。有作品被收入多种选本。著有诗学专著《诗歌：研究与品鉴》、诗与论合集《心有灵犀》等，主编《新中国颂——中外朗诵诗精选》等。

这是一本最了解水也最热爱水的人写的书，中国的江河湖海和纵横交错的水系，著名的大江大河大坝水库，不太为人知的高山上的一泓清泉，一个偏远之地的水文站的日常生活，在这里都有深情的描述。在他们的眼里，每一滴水都是珍宝，都是他们必须珍爱和守卫的；所有的水都是美的，不同地域、不同形态、不同季节的水有不同的风景和美丽，对水和赞美溢满每一篇文章的字里行间。

他们是中国的水利人。水是他们的事业，也是他们的生活。他们的工作与水息息相关，与水朝夕相处，上善之水让他们悟出了许多哲理和生活的智慧。读他们的文字，不仅了解了我们国家的水情、水利，也了解了水利人。

向水利人致敬。

——常　莉

常　莉

女，作家。《人民日报》文艺部高级编辑，曾任《人民日报》作品版主编。中国作家协会会员。发表散文、报告文学多篇，出版著作多部。

历史如流，这流就是水。流水如琴，清脆婉约；流水如剑，劈石穿山；流水如镜，借史明鉴；流水如潭，厚积薄发。水蕴生命，水韵诗情。水利人最靠近水，最懂水的心思；水利人心装着水，易悟水的精神。于是，我在水利人汩汩流淌的诗篇中，感受到了水与诗的默契，水与诗的深情……从《春回都江堰》看《水韵神州》；从兴国的《那一片绿》看《兴水之路》的艰难。水利人用诗《对话河流》，用心吟诵《盛世安澜》；水利人《以青春的名义诠释》“以水兴国”这座《无言的丰碑》，《把功勋写在江河上》。《我看见了清清的水》和如水一样清清流动的诗意水利人。

——谈　著

谈　著

原名袁丽复，女，诗人。《红旗画刊》社资深记者，中国诗歌学会理事。1992年就读中国作协鲁迅文学院与北京师范大学研究生院联办的硕士研究生班。著有诗集《谈诗的诗》、《真爱永远》等。

目录

散 文

诗 歌

散文

湘水悠悠

朱剑波

在我的梦里，有一条河；在我的心中，有一条江……

她从远古走向未来。始发广西，流经三湘，在烟波浩渺的洞庭湖稍作停留，复又追随长江波涛，注入旭日东升的海洋。

她像一条彩色的玉带，绕过了千山万壑；又如一位辛劳的慈母，泛起满脸欣慰的笑容。

有多少个清晨，我伫立在湘江岸边，看江水送来的点点征帆；有多少个黄昏，我迈步河堤之上，听江风传来的阵阵涛声；有多少个岁月，我牵挂她的冬流夏浪，春洪秋波。

那一河奔腾不息的江水啊，勾起我多少的激情和遐想！

我爱湘江，因为她不是一条平凡的江，而是一条史诗的河。她辉映过上下五千年多少伟人的身影，见证过多少英雄的业绩，回荡过多少诗人的吟唱！

登临送目，似乎片片青山都隐藏着一个故事；侧耳聆听，仿佛朵朵浪花都吟诵着一行诗句。“九嶷山上白云飞，帝子乘风下翠微。”似乎舜帝向我们走来，娥、英二妃紧随其后，斑斑点点的湘竹，留下了她们亘古的泪痕。“路漫漫其修远兮，吾将上下而求索。”正是这张憔悴的面孔、枯槁的身影，给楚国大地留下了千古遗恨。江上飘流着一叶孤舟，有一位老人迎着萧瑟的秋风立在船头，口中念念有词:“亲朋无一字，老病有孤舟……”记载了诗圣杜甫晚年的绝唱。顺江而下，正是范文正公笔下的岳阳楼，面对一湖碧波，抒发千古情怀：“先天下之忧而忧，后天下之乐而乐……”此等仁人之心，足令百代仰慕！“西南云气来衡岳，日夜江声下洞庭。”看一代宗师朱熹、张拭联翩而来，端坐在岳麓书院侃侃而谈，座前学子恭敬如仪。“我自横刀向天笑，去留肝胆两昆仑。”那位慷慨悲歌视死如归的热血志士，正是首倡变法、不惜将身以殉的湖南巡抚公子谭嗣同。“恰同学少年，风华正茂；书生意气，挥斥方遒。”不就是立志扭转乾坤创建新中国的青年毛泽东吗?

我爱湘江，因为她不是一条寻常的江，而是一条上善的水。她源远流长，广纳厚载。出广西而贯湖南，纵横850余公里；携五水而带三江，流域面积150万公顷。一江碧水似练，两岸奇峰如簇；七十二峰层峦叠嶂，三十六盘逶迤铺张。春夏江水咆哮，犹如万马千军，雷鸣轰响；秋冬碧波清流，恰似长琴短笛，浅吟低唱；待到春晓，满山杜鹃开遍，照映江水。沿途民风纯朴，人杰地灵，享有“无湘不成军”和“惟楚有才，于斯为盛”的美誉；两岸物产丰饶，历称“鱼米之乡”，有“湖广熟、天下足”的称道。既下洞庭，秋水如烟，令诗仙李白流连忘返：“南湖秋水夜无烟，耐可乘流直上天。且向洞庭赊月色，将船买酒白云边。”只在湖中小憩的湘江，激扬着湘人“目标未竞，奋斗不息”的魂魄，既而下长江而奔东海，完成了一次伟大的生命轮回。

我爱湘江，因为她不是一条普通的江，而是一条三湘大地的母亲河。她用甘甜的乳汁，哺育了三湘儿女健壮的体魄。她水系发达，支流众多，仅在湖南省境内的大小河港就拥有上千条，恰似一尊千手观音，福佑着流域内3000万人口的平安。既有舟行之宜，又有灌排之便，更为沿途的近40座城市居民解决了饮水之难。而今，衡阳、株洲两座航电枢纽已经建成，江上大坝屹立，坝前水深波平，千吨级货船已航行无阻。真所谓“浩浩一江水，发电又载舟；临江建泵站，旱涝两无忧。”流域内渠道纵横，水库星列，春蓄秋放，调节有序。人与自然的和谐相处，日臻于完美的境界。

面对湘江，抚今思昔，不由得浮想联翩。曾几何时，由于人们的爱河意识淡薄，行为不拘，加之全球气候变暖的影响，以至于母亲河常常是“水落石现”，濒于断流；而或浊流滚滚，侵城掠稼；又或污流不断，不堪入口。严峻的水环境，不仅给水利人带来了挑战，而且给全社会敲响了警钟。乐不忘忧，安必思危。母亲河用她甘美的乳汁哺育了我们，我们应该像孝顺的儿女一样善待母亲。要科学举措“蓄水”、“保水”、“净水”之行动，还山河以原貌，化浊流为碧波，永葆她青春常在。

然生命如河。少年意气，酷似河之上游。声似雷霆，形如风暴，不免泥沙俱下，混沌不分。及到中游，坡度趋缓，水量渐丰，流态平稳而从容，泥沙沉淀，涛声消减，既不失奔腾之势，又不带浮躁之气，无疑是人生最壮美的一段。中游以下，百川汇集，千流聚合，壮阔伟观，雍容博大，曹操的“老骥伏枥，志在千里；烈士暮年，壮心不已”，吟诵的正是这种境界。

人生如河，发轫于小溪，归集于大海。一路上栉风沐雨，虽百折千回而不止于奔腾；沿途中不舍涓滴，虚怀若谷而汇集巨流。任人汲取，甘心奉献；托物载舟，宅心仁厚。以江河为鉴，人的胸怀会如河谷一样豁达，人的志向会如江河一样远大，人的精神会如波涛一样向前！

白云冉冉，湘水悠悠。流不尽的是岁月的寄语，抒不完的是心中的豪情。遍数祖国万千江河，除了长江黄河之外，很难找到一条江水，能像湘江一样有如此深厚的文化沉淀，有如此丰蕴的人文宝典，有如此悠长的山水画廊。“彩舟云淡，星河鹭起，画图难足”。前辈们开天辟地，筚路蓝缕，把美好的河山交给我们；历代诗人们俯仰吟叹，为一湾江水注入浓郁的诗情画意。华夏精魂生生不息，湖湘文化薪火相传。生逢盛世华庭的主人们，应是幸甚至极，更觉责任无穷。

伫立在湘江岸上，心潮随波浪起伏，遐思如江水悠远。捧一口江水

润喉，任浩荡的江风扑面，不禁心通古人，情系来者。

碧波白云两悠悠，天地奔行春复秋。惊涛拍醒华夏梦，激浪催进壮士舟。迁客忧患动今古，诗人豪情辟坦途。江山幸有才人出，不负江河万古流。

（本文由湖南省水利厅推荐，获散文类评比一等奖，收入本书时略有修改，同时入选《人民日报》纪念建党90周年特刊，发表于该报2011年6月29日第7版。）

我与父亲的水利情

郑旭惠

我的父亲幼年丧父，他们兄妹四人是我年轻守寡的祖母含辛茹苦养大的。我的祖母很坚强，她有从土地上生出的理想。

她先是把我父亲送去西安读高中，后来又供他读完了大学，学的就是让土地的命脉掌握在农人手里的水利。这一缘由，让我们父子两代人都选择了水利作为终身事业，并因水利而感情倍增，因水利而命运相连。

父亲大学时上的是于右任先生创办的西北农学院水利系，他是第一期学员。毕业后成为当时礼泉县为数不多的几个工程师之一。新中国成立后，他因主持修建过劳惠渠、冯家山水库等水利工程，成为关中水利界有名望的专家。现在每当我来到冯家山水库，便不由得想起我的父亲。设想他如何在这个山沟里带着十几万民工，肩扛手挑，开山筑坝……我羡慕这里的窑洞和山上的草木，因为他们都曾经与我的父亲朝夕相伴，比我更亲近父亲，更了解父亲。

在父亲眼里，他的工程就如同他的子女。他长年累月不离工地，不放松工程进展中的任何一个细节，唯恐一时疏忽给工程留下后患。听母亲讲，劳惠渠建成的那年，我的大哥出生了，父亲得了这个喜讯，就给他取名劳惠。在父亲的心里，最美好的事情莫过于水利。

我们兄弟姊妹和母亲一起生活在礼泉乡下，永远都没有父亲手里的工程那么幸运、那么受宠。

我们成长的关键时期，都错过了父亲的关照。只有过年的时候，才能见上父亲一面。可是不过一两天时间，他又匆匆离开了，然后又是漫长的别离和等待。日复一日，年复一年，直到我们一个个都长大成人。

我不记得小时候他给我们带过什么礼物，我甚至没有和他说过太多的话。对于这个不常回家的父亲，我的感情是复杂的。我除了见面时的羞涩、畏怯，很少有通常人家父子间的那种亲热。别人说我出身于知识分子家庭，我却觉得我们兄弟姊妹是地地道道的农家子弟，而与大多数农家子弟相比，我们的生活里缺少父亲撑起的一片天空。为此，我曾暗地里怨恨过他，排斥过他。

多年后，当我进入水利行业，踏遍了父亲曾经踏过的宝鸡的山山水水，听了太多长辈们关于父亲的故事，一个和蔼、朴素的父亲形象渐渐在我心里变得高大、亲近。我忽然明白，为什么那时候父亲没有带礼物给我们，原来，他留给我们的是另一种财富，这种财富取之不尽，用之不竭……

我不再怨恨他对我的疏忽，而更多的是因望尘莫及而产生的惭愧。我青少年时期遭逢文化大革命，学业荒废。工作后，我以父亲为榜样，努力学习专业知识和技能，以勤补拙。我知道，在基层干水利工作，需要的是实干和苦干的精神。我有庄稼汉的体魄，有水利人的责任，我还有父亲作为榜样。我告诫自己：不怕事情小，只怕干不好；不怕条件苦，就怕不下苦；不怕待遇低，最怕辱使命。和水利打交道久了，我渐渐熟悉了水的力学性质，也最终领悟了水的品质："上善若水，水善利万物而不争。"老子的这句话，也恰当地描述了水利事业的崇高和水利人的境界。

转眼，我在水利战线已工作了将近30年，我的人生在不知不觉间与水利难解难分。水利事业不但给了我一份生活的凭借，而且给了我一份人生的感悟。30年，我学会的不只是职业技能，水利这个职业也将我塑造成一个有责任有担当的人。我的命运已经和水利事业息息相关。我知道，水利兴，则国运兴；水利兴，我们水利人的事业就兴旺发达，前途无量。

回首往事，我终于悟出：水利，是我与父亲的生命纽带；水利事业对我来说，怎一个“情”字了得？

（本文由陕西省水利厅推荐，获散文类评比一等奖）

飘扬的红旗

华 芳

这个偏僻的水文站是我人生的第一站。

学校毕业后，没费任何周折，组织上薄薄的一张介绍信便把我“支”到了这个边远的水文测站。尽管每年都有人分配到这里，但迎接我的只有老站长。

不知是看到老站长满头的白发和佝偻的身影，还是心血来潮的义无返顾，反正我决定留下来了。

站里有四间房，一间办公室，两间住房，还有一间厨房，都是20世纪60年代的土坯房，墙壁有些脱落。说是站长，其实在我来之前就他一个光杆司令。他告诉我，分配来的职工时间最长的呆了35天，最短的放下调令就请长假走了。

老站长一有时间就逮着我讲站里的工作情况和测站特性。他说：你得赶快熟悉情况，若赶上我有事，你就得一个人顶着；再说，我也快退休了。

国庆前两天，老站长去了一趟城里，回来时小心翼翼地从挎包里拿出用报纸裹着的一包东西。打开，是一面鲜艳的五星红旗。他说：“让五星红旗在新中国成立50周年和澳门回归之际，在我们这山旮旯里的水文站升起来吧。”我知道，老站长是想用这种方式来表达对伟大祖国的热爱和对水文事业的忠诚，并希望我也能像他一样，不管在怎样的环境里心中都装着祖国和事业。

第二天，老站长要进山去找根树来做旗杆。我说我年轻让我去吧，他说他地形比我熟，找起来容易、更快，把我留在了站里。

中午12点钟了，老站长还没有回来，我有些着急，可又不知往哪儿找，只好耐心等待。下午两点多钟，老站长终于回来了，肩上扛着一根树干，又长又直，没有比这更适合作旗杆的了。但老站长却是一瘸一拐的，身上头上沾满了泥巴和血迹。

我一边帮老站长清理一边听他叙述事情的经过：为了找到合适的树干作旗杆，老站长跑到很远的山谷里去了。回来的路上，在一处山嘴转弯时，因为树干太长，尾部让路边的树碰了一下，老站长猝不及防，一下子站立不稳，摔下了山崖。那个山崖比较陡峭，真难想象腿已受伤的老站长是如何爬上来的，又是怎样背着旗杆走回来的……

第二天清晨，在老站长的主持下，这个山旮旯里的水文站第一次举行了升旗仪式。徐徐升起的五星红旗映在四只清澈的眸子里，仿佛一团跳动的火焰。此时，天空是那么的蓝，蓝得近乎透明，蓝得令人心醉。四野苍莽，空气中飘溢着野草的清香，无边无际的野生植物奔放地倾泻着它们的生命激情，把这个秋季的节日装点得分外绚丽多彩。我们以这种方式庆祝了共和国的50华诞。

我想，这高高飘扬的五星红旗将成为山旮旯里一道永恒而亮丽的风景。

（本文由江西省水利厅推荐，获散文类评比一等奖，收入本书时略有改动；同时以《水文站的红旗》为题入选《人民日报》纪念建党90周年特刊，发表于该报2011年6月25日第7版。）

井

赵俊峰

小时候听奶奶说，我们寨子里有一口古井，井边铺着青石，看上去古朴、讲究，但是井里面却很脏，有癞蛤蟆、屎克螂等动物以及掉下去的杂物。全寨子里的人就靠这样一口井吃水，而且早晨要很早起床排队打水，有时还因为打水引起争执。

以前，我们家人口很多，爷爷兄弟几个长大后，就先后分家立户了。我爷爷奶奶搬到了寨子外居住。当时附近没有水井，最近的只有邻村菜地里的一口井。到那口井里提水，看菜园的人很不情愿，就像揩了他们很多油一样，因为那口井是他们村的稀有资源。奶奶说，那时候井上有架水车，用水的时候，要像推磨一样不停地用力推，随着水车上铁链哗啦啦地响，水就缓缓地流出来了。这在当时的农村，也是比较先进的取水设备了，虽然出水量小，但是能不间断地出水。我问奶奶，就用水车浇地吗？她说，水车只用来浇菜地，其他田地里根本就没有井，没有办法浇。每逢大旱的时候，就烧香求雨，有的时候很灵，但是大多数时候是不灵的。

从我记事起，我们家就有一口压水井了，井的四周用四个木橛固定着。后来，爸爸用砖头、水泥把压水井砌起来，井口上砌一个小水池，再嵌一个铁管作出水口。整个井看上去方方正正，很美观，既坚固又耐用，它伴随我度过了快乐的童年和少年。夏天，我们常喝刚压出来的水，有时候没有水瓢，就用嘴直接对着出水口喝，清凉甘甜，沁人心脾，也不拉肚子。但是把水烧开后，就会有很多白色的水垢，我们叫“水锈”。当时我还认为水烧开后都会有“水锈”生成。

我们村北是大片的田地，那里只有一口井浇地。为了安全起见，井口盖住了一大半，显得口小、肚大。砖砌的井壁，加上四周树荫遮着，看上去阴森森的。因此，我不敢走近，只远远地看，害怕会掉下去。后来，田地里就陆陆续续打了很多口径较小的水泥管壁的井。

我大学毕业后到水务局工作。一次，我妈妈带我小外甥到我那里小住几天。小外甥当时还不满三岁，一直在农村生活，没有见过自来水。在我开水龙头的时候，他看见有水流出来，马上很惊奇地脱口而出：“井。”我被他的话一惊！在他看来，只要是能出水的装置就是井，只是形状不同。说自来水是井也是有道理的。井在变迁，一切都在发展变化，生活在变，生产方式也在变，现在抗旱再也不推水车了，更不用烧香求雨了，大多数都是用机电井，还有更先进的滴灌、渗灌。

去年，我家乡受益于国家的农村饮水安全工程，也使用上了自来水，再也不吃烧开后留下“白粉”的水了。在这之前，为了能吃上更好些的水，家乡的压水井早已由原来的七八米深增加到三四十米深了，有的还装上了自吸泵、压力罐。如今，这些都不得不退居二线了，不再作为饮用水，只用来洗衣、洗菜、浇花，以节约和保护饮水安全工程抽取的深层地下水。

现在，我的小女儿刚刚呀呀学语。将来她上学后，老师再给她讲解井是象形字时，恐怕她就没有我理解的快了，因为事物发展变化太快了，将来她见到压水井的时候，就像当年我见到砖砌的水井一样罕见。由此，我想起一句话，“不是我不明白，而是这个世界变化太快！”在不久的将来，我们也许还会用上直饮水，喝水必须先烧开的习惯将会改变，抗旱就是按电钮、敲键盘这样简单的事。井的变迁是社会经济发展

的一个缩影，但这也只是历史长河中的一滴水。90年来，在党的领导下，祖国发生了翻天覆地的变化，社会经济建设日新月异，水利事业更是蓬勃发展，取得了举世瞩目的辉煌成就，人民群众分享到了改革开放取得的成果。今年，党和国家把水利建设更是提高到了前所未有的高度，水利事业迎来了历史上最好的发展机遇，我们正满怀激情谱写水利事业改革发展的新华章。

（本文由河南省水利厅推荐，获散文类评比二等奖）

水之礼赞

周瑞昆

世间万物，大能为天下利害之首者，唯水而已。其蕴生命起源于混沌之初，镶蓝色宝石于浩瀚宇宙。亘古以来，备受世人膜拜；大河之滨，繁衍古国文明。

水者，至柔至刚，至清至纯；盈科后进，涤污荡浊。其布也广，其态也多，或汇聚而为江河湖海，或凝结而为霜雪冰雹，或蒸腾而为雾气云霞。水本无色，虚纳万物而倒映七彩；水无常形，盈充天地而润及八荒。入江送客棹，出岳润民田。水到之处，因地制流不问深浅，随物赋形任意方圆；故溪流潺潺以成趣，雨雪菲菲以遐思，波澜滚滚以纵情；一道飞瀑，一泓清泉，一动一静，一急一缓，皆入诗入画，怡人情怀。所谓仁者乐山，智者乐水，历代圣明贤哲多与水结缘。老聃有上善若水之赞，夫子发逝者如斯之叹；易水之寒令后人扼腕，惊涛拍岸念赤壁周郎；更有开国巨擘，抒中流击水、浪遏飞舟之豪情，万里长江横渡，胜似闲庭信步。然水亦有不羁之虑：逢暴雨肆虐，江河横溢，则桑宅良田，顿成泽国；烈日炙灼，旱魃横生，则赤地千里，颗粒无收。有史以来，水之为害甚大，“怀山襄陵，浩浩滔天，漂没财货吞噬生灵，莫此为甚！”故水治则国兴，水患则民殇；兴水利而去水患，乃经国第一大计也。遂有水利之治演绎至今。

水利者，其用无尽，其利无穷；民之所亟，国之命脉；经朝历代，源远流长。先有鲧禹相继，平九州水患；疏川导滞，启治水先河。自此之后，都江古堰成天府，秦兴霸业借郑国。灵渠盈盈，横跨漓湘；运河汤汤，直通京杭。渠开田畴，甘露润作物；坝锁蛟龙，高峡出平湖；清流惠及民生，功德遍泽天下。及至建国伊始、百废待兴，重整旧山河、建设新家园；改革开放、成果辉煌，完善治水方略、筑牢安全屏障；世纪之初、国力攀升，攻坚克难直面瓶颈制约、步履铿锵推动永续发展。今有我辈万千同仁，秉承禹志，献身水利。其貌敦厚而内秀，性淳朴而志坚；每每寄情山水，总与物无伤；弃杂求真，远离纷繁；真水无香，薪火相传。或鏖战于风口浪尖、无惧无畏，科学调度，力挽狂澜；或跋涉于荒原野岭、无论寒暑，饮水曲肱，不觉其苦；或孜孜于科技真知、精益求精，伟业既成，乐在其中。试看葛洲坝雪浪飞虹，小浪底淘尽黄沙，无不称奇；更有宏伟三峡，截江驯水，建百代功业，树不朽丰碑。泱泱大国，由斯崛起。

古往今来，水事悠悠。西水东归，乃顺自然法则；南水北调，成就世纪梦想。鉴古而知今，继往而开来。回首峥嵘岁月，尽现无悔年华。今之水利人，携献身负责求实之行业精神，以民生资源生态水利之金钥，解科学发展人水和谐之困惑；前仆后继、百折不回，赤子丹心、砥柱中流；保江河安澜，祈神州永泰。真乃壮哉水利！壮哉中华！

赞曰——

禹王神迹何处寻，山砠水厓伴青春。
砥柱中流兴大业，赤子江河铸水魂。

（本文由陕西省水利厅推荐，获散文类评比二等奖）

七月，苏州河的歌

年皖宁

七月，神圣而光荣，我从苍苍茫茫的历史深处走出。

七月，从瓜泾口到吴淞口，揣一颗感恩的心为亲爱的母亲一路放歌。

伟大的党啊！我是重生的苏州河，在这七月的第一天，有多少的话儿要向您诉说。

吴淞江，是我的乳名，我是来自天堂的使者。

我曾经是一条通海的大河，一百里碧水造就过几度重镇，万千的舟楫商贾；多少次的潮涨潮落，见证了上海滩沧桑无数。今天显赫的黄浦江是吮吸我乳汁长成的孩子，繁华的都市是我旧梦编结的一枚甜果。其实我是上海当之无愧的功臣，是我催生了这块土地发育成熟，为这个都市呵，甘愿牺牲，我一条"强龙"由此降格为位卑的内河。

然而，20世纪70年代末，当这个特大城市再次按上加速的引擎呼啸而起，我——苏州河却陷入了污秽的重围，不能举步，功臣成了囚徒，天使变为恶魔。

现代文明的发展史，演绎的竟是如此荒唐的一幕……

一天，站在高高的东方明珠观光厅里，一位洋人一边喝着自带的矿泉水，一边指着远处黑乎乎的我，讥讽说："看呀，淌着鼻涕的上海滩！”

一天，来自北京的一位记者，噙着泪水为我写下了令人心碎的《苏州河咏叹》，字里行间是一万个的怜爱，又是一万个的无可奈何……

从此，河的两岸扇扇门窗紧闭，人人把黑臭的我诅咒。

从此，我的名声远扬，成了一条众所周知的“臭水沟”。

苏州河呀，苏州河，受的是丢失了尊严的屈辱；苏州河呀，苏州河，背的是历史的沉疴。

救救苏州河！救救苏州河！

救救苏州河！救救苏州河！

有识之士的呼声，打破了曾经一度的沉默。于是，我在您的怀抱里慢慢苏醒，于是我第一次近距离地看到了您——党啊！我的慈母！

这一刻，希望呼啦啦地在我每一根血管里奔涌。

这一刻，我上上下下的每一个细胞装满了幸福。

我看着您，轻轻地铺开了那一幅标有“决心把苏州河治理好”[1]的蓝图，我看到您眉宇间透出的还是当年指挥解放大上海时的那一种坚定、那种沉着。

就这样一期、二期、三期，治理工程在您的领导下紧锣密鼓；就这样五年、十年、十五年，连续二十年的锲而不舍。截污治污、疏浚清淤、综合调水、环境整治，全市的专家、全国的专家为我会诊，开出了一副副良方猛药。

20年啊，为我完成了22项重大工程，140亿元人民币的工程投入。

在您“科学发展观”的呵护滋润下，我憔悴的脸颊泛起了红晕。经过洗心革面的我而今青春重驻、更加的朝气蓬勃。

看吧！两岸尘封了多年的门窗为我洞开，像迎接我，一位远方归来的高贵公主。

---

[1]注：该句为江泽民同志题词。

看吧！河堤上绿树成荫，花红柳绿，错落有致的亭台楼阁，还有一处处的游艇码头。

这里是水洗的碧空，白帆点点，江鸥在翱翔，竞发的是龙舟。死过去的水又活过来了，久违的鱼虾在河里徜徉遨游……

七月的苏州河是一幅画，处处是美景，精彩不尽收。

七月的苏州河是一首开怀的歌，流淌的欢乐呀，浓得像一河的酒。

党啊！今天，重生的苏州河要为您捧上万千的精彩、一河的浓酒。

最最衷心地祝福您安康，祝福您长寿！

党啊！重生的苏州河将是一往无前的激流，在您伟大的旗帜下不断进取永不回头。

（本文由上海市水务局推荐，获散文类评比二等奖）

话运河变迁 颂水利辉煌

谢金祥

周末恰逢艳阳高照，登上美丽的卫运河大堤放眼远眺，那缓缓流淌的清流，那整齐划一的护坡，那如士兵般列队待阅的杨柳，还有那随堤蜿蜒的柏油路面，眼前的美景不由得令我心旷神怡，浮想联翩……

记得儿时的大运河，波光粼粼，绿柳婆娑，帆樯林立，汽笛声声。每天早晚背起小筐，最爱去的地方就是运河岸边。清晨看太阳在河面上升起时的朝霞，傍晚瞅落日离去时的余晖。一边拔着青草，一边欣赏着运河美景，间或捡起一枚枚小石子，打出串串漂亮的水花。月朗风清的晚上，围坐在老人们跟前，听他们讲那数不尽的运河故事：什么四女涅磐、长青楼、运河谣、还有那个可怕的瘸瘊子，等等。到了夏天，则经常和小伙伴们在河中嬉戏玩耍。晚上自然常会梦到水。老人们就说：梦到水好，水是财路，但当时我并不能理解这句话的意义。

渐渐长大后，我知道了身边的运河是世界上最长的人工河流，也是最古老的运河之一。她与万里长城并称为我国古代的两大奇迹，闻名于世界。虽然隋炀帝修运河的初衷是为了贪图享乐，但运河的通航，却促进了沿岸城市的迅速发展，哺育了无数的运河儿女，在历史上起到过巨大的作用。

抗日战争时期，抗日军民更是以她为天然屏障，声东击西，鬼没神出，岸上杀敌无数，水里捉鳖夺枪，展现出运河儿女顽强抗敌的坚毅风姿。新中国成立后，充沛的运河水浇灌着两岸的农田，让人们受益无穷。然而，历经战乱的大运河，因为没有得到很好的保护与疏浚，洪灾时有发生。两岸百姓用水、念水却又怕水。"63·8"洪灾过后，毛主席发出了"一定要根治海河"的号令，海河水系的卫运河也开始了千军万马的大会战。听参加会战的老人们讲，那时可真是人山人海，红旗招展，场面好不壮观！没有施工机械，人们就肩挑手推，吃的是窝头咸菜，住的是临时搭起的窝棚，条件虽然艰苦，但没有人叫苦叫累。堤高了，河宽了，河道顺了，洪水来了有出路了，再也没有发生过洪灾。就是"96·8"的大洪水，也乖乖地听从人们的调遣，不敢再发威作福。

自20世纪70年代初，大运河逐渐断流，曾经千帆竞影、画樯如林的繁荣景象一去不返。宽阔的水面变得一如潺潺小溪，继而慢慢干涸。她静静地躺在那里，任凭她哺育过的人们倾倒垃圾，排放污水，把她搞得臭气熏天。堤顶坑洼不平，夏天堤身长满杂草，冬天到处是落叶枯枝。因乱砍滥伐而零星剩下的榆、杨、柳、槐等各色树木，在风中瑟缩着，显得那么孤单与苍凉。然而运河在默默地承受这一切的同时，也把眼泪变成了智慧。她知道自己是条千年的古河，负重和宠辱已让她波澜不惊。摘去昔日神秘的面纱，她让人们在粗暴中感觉生命的顽强，在困惑中顿悟生活的哲理。

喝运河水长大的人是不会忘记运河的，因为童年的梦就萦系在这条生生不息的大河里。当人生之舟遇上狂风巨浪在无奈中搁浅，踉跄的脚步就会不由自主地回归这生命启程的地方。拂一下两鬓的华发，望一眼寥廓的长河，就像久别的游子带着伤痕累累的心回到慈母面前，得到的不仅是心灵的慰藉，还有无言的鼓励。虽然大运河今非昔比，但她的风采并没有黯淡在游子的心中，却在彼此的心中达成一种默契，默默地对视深思，默默地寻找生命的支点。

近年来，国家逐步加大了运河的治理力度，关停了一批污染严重的企业，运河里又开始有水了，虽然量不多，却也清澈，偶尔还会看到鱼虾在游动，这给古老的运河带来了灵气与活力。而堤防也早已不再是原来的模样，平坦的堤顶、整齐的料石、醒目的标志、碧绿如毯的堤坡，蓊郁葱翠的速生杨林，到处鸟语花香，莺飞燕舞。这个被称为“天然氧吧”的运河大堤，成了人们消闲散步的好去处，吸引了无数游人的目光。

最近，有关部门又要把大运河申报为世界文化遗产，国家也会对运河文化进一步的挖掘和保护。中央一号文件已将水利建设的战鼓擂响，经过水利管理体制改革后的水利管理单位，焕发了勃勃生机，和谐建设的春雨浇开了水管单位的幸福之花，我们坚信在中央一号文件精神的指引下，水利建设的春天就要来了！

水是财路。我又想起老人们说过的这句话，然而，我也深深地感悟到：只有在中国共产党的领导下，人们美好的愿望才能真正变成现实。我期盼着大运河蓄水通航，期盼着这条千年大运河更加靓丽怡人，期盼着水利事业更加灿烂辉煌，祝愿我们伟大的党基业长青，祝福我们祖国的明天更加美好！

（本文由海河水利委员会推荐，获散文类评比二等奖）

我的父亲

陈涛永

我的父亲退休前是排水站的一名机工，和一位姓曹的师傅一起负责五台柴油机组的运行，那座小站是县城城区主要的排涝防汛力量。那年头雨水多，城区管网落后，每逢汛期，排涝任务都十分繁重。

我家是离县城20多公里远的乡村，由于当时交通不畅，20多公里算是很远了。父亲多数时间在工作，母亲就成了家里唯一的劳动力。里里外外忙活着，拉扯着我们兄妹三人。每逢农忙的时候，也是雨水最多的时候。小站里的人不多，仅有五个，其中三个也像我父亲一样家在农村，他们就相互调剂、轮流歇班回家助农。农忙时，我们最怕的就是下雨，常是一看天色要变，全村的男女老少都往麦场上赶，忙着堆麦子、苫麦草。可是我的父亲总是扔下场上的活儿往家跑，推上他早已备好雨具的自行车向单位赶。看着他全然不顾离去的身影，我心里既失落又悲愤。这时，母亲则撕心裂肺般地叫着我们兄妹的名字，我们则急慌慌如临大敌！抢收、抢种！一个“抢”字十分地形象！那是和天夺食啊！

捱到了暑假，农活就少了，却正是雨水多的时候。我随父亲来到他们的小站。小站位于大运河畔，坐落在城市的边缘，很不起眼！不过，我还是很喜欢这里——堤上一排杏树，河边几棵垂柳，葡萄、桃子、梨子等果树纷杂。两座机房高大明亮，单身宿舍建在河水边上。设施很简洁，一张床，一张桌，一把椅子，唯一的电器就是头上的日光灯。他们的厨房是自己动手建的低矮的小房子，两只火炉是公用的，各人有各人的炊具。每到吃饭的时候，大家把各自炒的菜集中在一起，相互评论着谁的饭菜做得好。饭后，在河边洗碗时，顺便欣赏游过的五颜六色的鱼儿，却也其乐融融。

一场连天雨被我赶上了，连续开机九天九夜啊！柴油机房传来震耳欲聋的轰鸣声，起初几夜吵得我楞是没睡好觉，后来也就渐渐地习惯了。那时，下班的人就用渔网捞起抽上来的鱼，有被叶轮打坏的，也有完好的，放上新采摘的花椒叶，炖上一锅鱼，一个个瞪着熬红的双眼，挑拣着，津津有味地吃着......

后来，我接替了父亲的工作，经过数次的培训，成为了一名正式的泵站运行工。现在泵站的条件已经今非昔比了！受益于“机改电”工程的实施，柴油机房改建成了办公生产综合楼。原来的电机房也增容为大功率的机组，为城区防汛排涝提供了更好的保障。每逢雨天，我总是夜不成眠，常常一个人打着伞行走在雨里，观察着内外河的水位，想到自己肩负着城区的排涝任务，心里就无比的激动和自豪！

这不，今夜外面又飘起了细雨，我默默地收拾雨具。妻说：“下这点雨，不要去了！”我说：“反正在家也睡不着，在单位里呆着心里踏实些。”走在空旷的路上，我想起了当年父亲对家的“不负责任”，这不正是为了千千万万个家庭吗？我似乎看到他冒着风雨、以最快的速度在黑暗中突奔的身影，再看看自己，我不禁笑了！原来，面对防汛的这种谨慎认真的情节，早已深深地植入我的骨子里！

（本文由江苏省水利厅推荐，获散文类评比二等奖）

一个普通水利工作者的感悟

郑德义

1990年，当我还是个懵懂的孩子的时候，我并不知道这个世界上的一切存在都意味着什么。那年夏天，家乡的稻田因干涸而龟裂，原本绿油油的秧苗瞬间枯黄，继而成片地干死。男人们长吁短叹着，女人们成天抱怨着。在我模糊的记忆中，他们不是偶尔仰望蓝天，就是沿着家乡的沟渠奔波很远。

突然有一天，人们奔走相告，“水要来了，水要来了……”果然，不多久，汩汩清泉就沿着蜿蜒的乡间水渠流到了房前屋后，流到了嗷嗷待哺的庄稼园。在等待了多少个日日夜夜之后，秧苗复活了，村里的欢笑依旧了。

记忆中的这一幕深深烙印在我的心中。在以后的岁月里，每当干旱年份，尽管依然会有长吁短叹，依然会有抱怨，但依然那渠清泉总会如约而至，让农人们如释重负，让庄稼地喜润甘霖。

也就是从那年起，我开始了读书生涯。当第一次在神圣的国旗下敬礼、聆听庄严的国歌时，当第一次听到“祖国”这个伟大的字眼时，年幼的我竟也抑制不住那种自豪与激动。

读书总会让人明白很多事理。在老师的谆谆教诲下，在书本的潜移默化中，在生活的点点滴滴里，关于我脑海中未知的那些世界上一切的

存在所蕴含的意义，一个个问号得到了解答。我知道了中国共产党的丰功伟绩，知道了社会主义的前世今生，知道了改革开放的沧桑巨变，知道了伟大祖国的坚强不屈，知道了各族人民的团结安定。当然，我还知道了流向村里田间地头的泉水的源头——淠史杭。

很多年前，当我还在求学的时候，我时常步行穿越淠河总干渠上一条修筑于20世纪80年代的桥梁，在灌区管理总局门前等待搭乘西去的公交。许多年后，我又踏着轻快的步伐来到了灌区管理总局的门前报到参加工作。谁会预料到，儿时就惠泽我的家乡的淠史杭灌区，我竟会与她结下如此不解之缘!

不知不觉，作为一个普通水利工作者，我已经在灌区管理总局工作了6个年头。6年来，我在宏伟的横排头渠首驻足过，上游是碧波万顷的水面，下游是绵延悠长的干渠；我在广袤的农田保护区停留过，展眼是一望无际的庄稼，回首是兴高采烈的农夫。我在悄然逝去的岁月里真切地感受着灌区的巨变，我在平凡琐碎的工作中由衷地体会着生命的真谛。

长久以来，我们的水利单位大多地处偏僻，条件简陋，待遇微薄。水利人日复一日地在渠道上耕耘，挥洒着汗水，播种着希望。在得失面前他们总是理智淡然，在荣誉面前他们从不斤斤计较，默默地付出自己一辈子的辛劳，只为坚守心中那一份光荣的使命，只为践行那一种“献身、负责、求实”的水利行业精神。

当历史的车轮缓缓地驶入21世纪第二个10年，当“十二五”规划的蓝图呈现在世人面前，我们不无欣喜地看到，我们伟大的党，在长期大力扶持水利发展的基础上，又把水利事业提到了一个新的高度：水是生命之源、生产之要、生态之基。中共中央、国务院用一号文件作出加快水利改革发展的重大决策，水利事业发展迎来了新的曙光，水利人真真切切有了报效祖国的宏大战场。

火红的7月，我们党将迎来她的90周年诞辰。90年前，中国共产党的成立宣告了一个时代的诞生。唯有中国共产党，不懈地引领着全国人民践行人定胜天的信念，建设成一个个惠及万代的水利壮举，支撑起经济社会发展的一片蓝天。在党的90周年华诞这样一个欢欣鼓舞的时刻，让我们燃烧起火热的激情，用辛勤浇灌家园，用智慧改造自然，用感恩激励奋斗，用双手拥抱明天！

（本文由安徽省水利厅推荐，获散文类评比三等奖）

高山上那一泓清泉

张占君

鸟瞰温泉水库，它像一枚硕大无比的绿宝石，镶嵌在巍巍昆仑的山坳里。它像湖泊，却没有如织的游人，轻荡的双桨，婆娑的烟柳；它像江河，却没有波涛汹涌，鱼遨浅底，百舸争流。其实它就是青藏高原腹地海拔4000米无人区水利工作者修建并管理的一座大型水库。它烟波浩渺，湛蓝碧透，静的杳无，淡定如禅，是远处一个戈壁城市的命脉和福祸所依。

很久没有看见这么大、这么亮、这么圆的月亮了。

那是在大暑望日的温泉，使我有了对久违的对于月的仰望的释然。

太阳落下西山头，燥热散去，暮霭乍来，一轮硕大的圆月挂在温泉的东山上，把一个光柱从东而西投在水面，蔚蓝的天，碧绿的水，周遭的山峦清晰可辨。随着月亮的升高，月光变成锥体由窄向宽铺在水面上，山岚微微拂面，山像披了薄纱，又像敷了牛乳，那水也变深沉了。随着夜幕的全部拉开，月亮升到了半空，月光洒满整个水面，波光粼粼，景物全模糊了，山只有一个黑魆魆的轮廓。

啊，这是我看到的从黄昏到薄暮到垂暮最美的月和水的景致了。

与这寂美的夜晚相和谐的是那些忙碌的计算，静静的收听，仔细的阅读。没有猜拳的喝三吆四，没有搓麻的大呼小叫，水管人以自觉、雅致的情趣从容而本真的打发着那些无限寂寞单调的日子。

温泉的白昼韵味独特。正午毒毒的太阳，滚滚的热浪，拐着弯灼人的浓烈的紫外线，你要是免冠裸膀，不消一会儿工夫就有炙烤的疼痛甚至曝皮。或者湛蓝到深不可测甚至有点恐怖的天空；或者低垂着，压着山尖而过汪洋姿肆的白云。而乌云压来，气温立马冷了下来。

这时的大坝监测工，一顶大沿遮阳帽，酷热中，年复一年监测着大坝的各种数据，用忠于职守铸就着下游的安澜。

温泉的清晨，那个朝阳能把人的影子成倍成倍拉长的清晨，背着阳光向西走去，影子长长的一直走在你的前面，脚下的芨芨草、骆驼刺、格桑花稀疏地散落着，以一个最小的个头、最短的周期完成了一次生命的轮回，因为它们生存的地方没有无霜期。右坝肩的泄水形成弯曲的河流逶迤而下，海鸥在沙洲上，或携雏觅食，或相偎厮守。灰褐色的山上晨雾像一条洁白的哈达横披山肩，雅致、圣洁而苍凉。

水位观测员日复一日地走上走下那踏了无数次的台阶，永远在0–9这10个阿拉伯数字间计算书写，绘制着水位的曲线，把最真实的数据从最基层传递。

温泉水库的人们，也许一辈子都没有下山工作的机会，也几乎没有多大的晋升空间，但他们没有熙来攘往尘世的躁动，耐得寂寞，安于处下，就像高山上那一泓清泉一样淡泊而宁静，平凡而脱俗。跟他们在一起，有一种纯粹和升华的感觉。

（本文由青海省水利厅推荐，获散文类评比三等奖）

为治淮，插上梦想的翅膀

张雪洁

淮河，是一首流淌的诗，绵延不绝，记载着两岸百姓难以言说的恩怨。

淮河，是一首悲伤的歌，如泣如诉，倾诉着千百年来的迁徙奔波和辛酸苦楚。

淮河，更是一首澎湃的交响乐，激情飞扬，上演着新中国治淮的壮丽华章和丰收喜悦！

生长在淮河岸边的我，对淮河的记忆可以说是苦乐参半。她时而母亲般地温顺静谧，用甘甜的乳汁滋养这方水土，佑护沿淮千万百姓；时而又女皇般地狂躁暴虐，用滔滔巨浪吞噬着一切，让她的子民家园尽毁，流离失所。

毕业后，我幸运地成为了一名治淮人，曾经置身治淮工地，并在那里度过了短暂却令人难忘的时光。虽然只有半年，但直到今天，工地的景象都时常在脑海中闪现，不曾遗忘。

——数九寒冬中丈量土地的忙碌，骄阳酷暑下快赶工期的拼搏，如注暴雨中巡查大堤的跋涉，漫天尘土里忘我施工的专注……一个个鲜活的画面，仿佛一个个时光节点，串起了我在治淮工地多彩而别样的生活。

那个天天板着脸却无比关心下属的余处长，那个黑黑皮肤却幽默狡黠的陈主任，那个倔强要强和我形影不离的小燕子，还有那个聪明伶俐、乐于助人的监理小韦……这一张张熟悉的面孔，又将这些记忆的节点填充，让我在工地的记忆丰盈。这群治淮人扎根岗位、从不畏难、不懈进取的意念深深感染着我，并将“献身、负责、求实”的水利行业精神深深地烙在了我的心里。

艰苦的努力，得到的总是沉甸甸的收获。

因为他们的执着和坚守，淮北大堤加固工程克服重重困难，按期保质完成了建设任务。而广袤的淮河大地上，又有着多少平凡而默默付出的他们，为着淮河安澜和百姓安居战天斗地、奋斗不止，打造出了一个又一个经典治淮工程。

2003年，淮河入海水道近期工程建成通水，结束了淮河长达800年没有直接入海出路的历史；2006年，淮河中游最大的水利枢纽临淮岗洪水控制工程建成，为淮河中游防洪保护区竖起了一道百年安澜屏障；还有涡河近期治理、沙颍河近期治理、燕山水库、刘家道口枢纽工程，等等。这一座座新时期治淮工程光芒闪耀，承载着多少治淮人的奉献与积淀，凝聚了多少治淮人的青春与热血！

如今，淮河流域水系紊乱、湖河淤积、堤防残破、飞沙扬尘的景象早已经改变。踏访千里长淮，触目可及的是一座座“长虹”凌空飞跃，一条条“巨龙”逶迤向前，一片片绿洲奇迹般诞生，一个个民生工程润泽山峁，一道道堤坝蜿蜒而去，一排排移民新房鳞次栉比……伴随着19项骨干工程的全面完成，淮河流域防洪除涝减灾体系已经基本建成，实现了淮河洪水入江畅流、归海有路。在中国共产党的领导下，无数治淮建设者历经艰苦奋战，化斥卤为稻米，变灾害为福利，在被称为“最难治理的河流”上写下了绚丽的一笔。

实践永无止境，治淮未有穷期。现在，治淮已经作别60年辉煌，开启了新的伟大征程。2011年1月29日，中央一号文件全文发布，要求力争通过5年到10年努力，从根本上扭转水利建设明显滞后的局面，并把进一步治淮放在了大江大河治理的首位。3月27日，国务院批转进一步治淮指导意见，明确提出要用5年至10年时间基本完成进一步治理淮河的主要建设任务，为淮河流域经济社会可持续发展提供更加有力的支撑和保障。党中央、国务院的这一个又一个重大部署为治淮描绘了一幅宏伟而清晰的蓝图，让所有治淮人精神振奋、踌躇满志。

“淮河宁，天下平”，这是历代当政者的心愿，也是每个朝代治国安邦的重要内容。然而，只有在中国共产党的领导下，这个梦想才在人们的脑海中日渐清晰，并历经60年蹉跎岁月变成了现实。现在的我们，已经整理好行装，并将紧随这位90岁老人的脚步，为实现治淮事业的又一个华丽转身而努力奋斗！

淮河，是一首美妙的诗，绵延不绝，记载着两岸百姓欲说还休的喜乐。

淮河，是一首欢快的歌，如行云流水，倾诉着今后的美好生活与幸福安详……

（本文由淮河水利委员会推荐，获散文类评比三等奖，收入本书时略有删改）

满含热泪仰望五星红旗

刘凤翔

1997年10月28日，在黄河小浪底北岸的绝壁上飘扬着一面鲜艳的五星红旗。她以千古巨川的伟岸为基，以太行王屋的山峰为杆，是在我国大江大河截流现场升起的第一面巨大的国旗。

这是20世纪90年代小浪底工程建设与众不同的一个振奋人心的场景。它的背后铭刻着一段特殊又惊心动魄的“赶工”历史，令人终生难忘。

小浪底是黄河上最大的、被国内外专家公认的世界级的挑战性工程。因为当时国家经济比较困难，只能向世界银行借部分贷款并采用国际招标方式进行建设，它是我国第一个全方位与国际惯例接轨的水利工程。主体工程一开工，小浪底迅速成为全国乃至世界关注的对象。1995年6月，人们还沉浸在能建设世界级挑战性工程而感到荣幸的氛围之中，泄洪排沙工程因3条导流洞突发塌方等原因，工期已延误数月。外国承包商一筹莫展，无力回天，以地质条件不明为由单方面停止施工，向业主提出巨额索赔和推迟一年截流的要求。

小浪底出问题了！

小浪底截流无望了！

小浪底工地议论哗然。小浪底人思绪的天空一片阴霾。真有“乌云

压城城欲摧”之势。

小浪底与国际惯例全面接轨的“撞击”，来得太突然，来得太迅猛，令人始料不及。巨大的“撞击”似晴空霹雳，在我国水利战线的改革开放的“窗口”炸响，震惊了朝野。

如果接受外商的要求，不仅给国家带来几十亿元人民币的巨额经济损失，而且会影响我国改革开放的形象。这的确是让小浪底人难以接受的残酷现实。在这危难关头，水利部党组根据业主——水利部小浪底水利枢纽建设管理局和监理工程师的建议，果断采取“成建制引进中国水电施工队伍”的决策。经过10多天的艰难谈判，1996年的1月，外商现场经理在不承担截流目标的前提下签订了分包协议，同意中方成建制队伍进场分包三条导流洞施工，但只是提供劳动力和对劳动力负责管理的劳务分包。此时，泄洪排沙工程延误的工期已达11个月之久。

所谓劳务分包其实质是确保截流目标必须由“打工仔”身份的中国施工队伍承诺。这确实太失公允，令小浪底人愤愤不平，但是他们顾全大局，忍辱负重，在压抑中叫响“在外国人面前是中国人，在中国人面前是小浪底人”的豪言壮语。爱国不要理由，一种力量在中国水电工人身上凝聚，一种刻骨铭心的爱在小浪底人心中沸腾，全工区的中国施工队伍在小浪底建管局党委的发动下掀起了一场可歌可泣的“为祖国而战”的“赶工战役”。这一战就是一年零10个月。小浪底人，义无反顾，顽强拼搏，攻克塌方，闯过险阻，消除“撞击”，力挽狂澜，抢回了11个月的工期！

1997年10月28日，小浪底工程终于迎来了如期截流！

这天小浪底的天空，艳阳高照，碧蓝如洗。共和国总理李鹏来了，副总理姜春云来了，水利部和地方领导来了，意大利、德国、法国驻华大使来了，世界银行代表和其他国际友人来了，周边四乡八村的乡亲们来了，150多名记者来了，中央电视台带着地面卫星转播车在这里进行第一次大型工程现场直播来了……黄河两岸，不，全国、全世界一双双关注和期盼的目光都汇集到大河的龙口，见证这来之不易的截流壮举！上午10时，40多辆载重65吨的巨型自卸汽车一字排列，似一条钢铁巨龙驶向截流戗堤，将满车的巨大的石块、沙砾石和黏土一车一车地倾入龙口，发出声声雷鸣般的巨响，激起一个个数米高的大浪，人们在几十米以外都能感到大河颤动的震撼。10时27分30秒，戗堤南、北两岸的8辆汽车同时掀起巨大的翻斗，将满载的石料倾泻在狭窄的龙口，切断最后一股急流……

为了释放强烈的爱国之情，截流仪式的组织者悄然设计了在劈开的绝壁上悬挂五星红旗的议程，事先未告知与会领导和来宾包括记者。

10时28分，姜春云副总理高兴地宣布："黄河小浪底工程截流成功！"

此时，一面巨大的五星红旗在黄河北岸陡峭的山腰上呼啦展开，庄严、神圣的气氛笼罩黄河两岸。黄河南岸翘首以待的人们，个个脸上都绽放着惊喜！霎时峡谷内彩球腾空，鼓乐齐鸣，所有机械鸣笛一分钟，小浪底沸腾了！

在五星红旗的光辉下，在小浪底的沸腾中，我久久仰望这面巨大的五星红旗，眼里流出了激动的泪水。

（本文由小浪底建管局推荐，获散文类评比三等奖）

秀水五眼泉

李广彦

国中曰五眼泉的地方不多，而冠以行政区名者仅湖北宜都一地；世上以泉为荣的景区不少，然汇泉成库的大概也只有宜都之五眼泉了。此泉灵秀，撩人心怀。

宜都五眼泉在现有资料中记载不多，有何传说我亦未考究。听水利前辈们说，庙岗脚下有泉五眼，泉水晶莹清澈，终日喷涌，经年不涸。或许祖先们恋此地依山傍水，安澜宁静，故择泉而居，以泉名之，繁衍生息。

现今五眼泉在多数人眼中就是一个乡，中国最基层的行政管理机构，少有人寻根溯源，去探访它在何方，以及当初景况。其实，原生态的五眼泉早已从人们的视野中消失了。20世纪60年代，人们见涓涓泉水白白流淌，便修水库，蓄泉水，灌禾木。当库水成碧波荡漾之势，这五眼泉也就沉在库底，再没有谁见过她的容颜。水库湮没了泉水，有些人一时难以接受，特别是在上辈人眼里，没了泉，似乎就少了象征，人们骨子里割不断恋泉爱水的性情。我对水利工程的伟大俯首称羡之余，也曾为这几眼泉水的消失而憾叹——尽管现今这方圆百里皆曰五眼泉。

其实，什么事情只要翻来覆去多想想，心胸总能豁达。泉是有生命的，五眼泉虽不以物的形态坦露世间，但她并没有停止生命的跳动，仍是那么鲜活，可触可觉。平日泉水让水库水沛鱼欢，干旱时节，泉水盈盈，顺着水渠、渡槽奔向四面八方，把自己的一切无偿地奉献到力所能及的地方，滋润万物，泽育百姓。从宜都水利灌溉工程分布图上可以看到，五眼泉乡是全市唯一的独立灌区，泉水就是激活灌区生命的源泉之一。滴水之恩，涌泉相报。莫非这泉水灵性深蕴，以感恩之心报答大地之母？

泉水是有品格的。人们景仰长江黄河大气磅礴，眷恋清江漓水烟雨朦朦，而对细流泉水，往往以把玩心态呵护她的弱小，忽略它的意志与坚韧。其实，世上的奇迹似乎更青睐那些无名却矢志不移者。泉水并没因此感到自己的渺小而自叹，相反，她挺立孱弱身躯，执著向上，终日奔涌。宜都之五眼泉虽没能像趵突泉、黑虎泉那样造就出“家家泉水，户户垂扬”的济南名城，也没能像兰州五泉山那样留下霍去病西征拓疆“插鞭五处泉水出”的神奇传说，但她却以滴水成河的精神，显示万倍于己的生命力，造就了一座蓄水百万的水库；以不以善小而不为的境界，舒张大爱无语的亲和力，哺育芸芸众生。老子《道德经》曰：“上善若水，水利万物而不争。”五眼泉之水尤以她那行善举藏而不露、利万物不事张扬的君子品格，让人感受到心灵的洗礼和对生命的反思！这不正是一种甘愿奉献、不求索取、感天动地的博大精深的水文化吗？

水是有灵气的。五眼泉之水因为有实无形更增添了几分神秘与魅力。在岗下竹丛，泉水沏茶，品茗识香，你尽可以展开想象。用心感受，编织许多的幻景，诠释连串的疑问：春水飘香，思绪随茶山倒影与采茶姑娘齐舞；夏水如梦，取泉水濯缨，澄净心灵；秋水无痕，享受“野渡无人舟自横”的潇洒；冬水苍茫，拥抱“独钓寒江雪”的世界。诗情画意的感悟如泉眼一般充满灵性，难以用语言完全表达。也许在众人眼里，泉水成就了水库的壮观，自己却归于沉寂，似有几分苍凉，可我却觉得，这是泉水的自我洗礼，如同人品之升华，无为而有为，不争则有获，展示着谦让、宽容与大度。

五眼泉，你承载着这方山水的富饶，哺育了众多优秀儿女。民国初年通晓天文地理、著有多部医书的杏林名医汪哲仙，留学海外、名满天下、湖北医学院的创始人、首位院长朱裕壁，追求真理、立志救国、在宜都点燃了第一盏共产主义星火、创立组建了中共宜都支部的热血青年胡敌等，都是您优秀儿女的代表。弭水桥村的茶叶、鸡头山村的柑橘是全省为数不多的绿色农产品生产地之一。最近鸡头山村人又捧回了“全国文明城建创建工作先进村”的奖牌。“清江渔歌”水上旅游、青少年素质教育基地、杨守敬书院、民间曲艺《薅草锣鼓》等一批美丽风景与人文景观，向世人展示着这里文化的厚重与未来的希望。可以说，没有水就没有今天的五眼泉乡，没有五眼泉的灵性，这一方土地也许就没有这么多动听的故事。

万物如水，世事若泉，一切都在不断变化，一切又都显得那么平静。春分时节，库水碧蓝，泉水清秀，泛着柔情，更有白鹭戏水，波光粼粼，竹海松涛，水色一天。俯瞰坝下田畴劳作的农夫扶犁鞭牛，好一幅和谐自然的图画。

泉水叮咚……五眼泉呀，你可听到我的祝福？

（本文由湖北省水利厅推荐，获散文类评比三等奖，收入本书时有删改）

追梦 圆梦

卫文龙

山西缺水，早已成为社会的共识，山西水利人为破解水资源匮乏的命题，可谓寝食难安，绞尽脑汁。而真正让我知晓此中的甘甜与苦涩、责任与压力的，却是在千名干部下基层活动中接触到的一位村支部书记20年间6次找水凿井、苦苦追寻的经历。

大运高速公路、南同浦铁路从闻喜境内穿过，车上旅客能够看到的是平畴千顷，工厂林立，而目光难及处，却是水贵如油，生存唯艰。这里的地形是一河贯串，两垣对峙，三面环山，当地人比喻为“一根黄瓜两骨嘟蒜”。南北两垣蒜瓣状的丘岭沟壑间的乡镇村落，吃水用水问题一直困扰着各级党委政府。南垣上的后宫乡刘家村，500口人，1500亩土地，“七沟八疙瘩，全是条条田，大块三四亩，小块一二分”。村中唯一的一眼古井，辘轳声声，平添几多父老脸庞的皱纹，磨平无数青年男女的青春。水，成为刘家村人的痛，成为刘家村人的梦。

1984年，时任村主任的宋武卿提议淘洗千年古井，解决村人的吃水问题。他的提议在村委会议上获得了通过，一个多月的艰辛劳作，古井上安装了水泵，但合上电闸，不到20分钟，抽上的水就变成了泥沙。再次回响在村落上空的辘轳声宣告了刘家村寻水之梦的破灭。

1991年，宋武卿走上了支部书记的岗位，他的目光越过了庄稼院落

的袅袅炊烟，他的心思用在了村外的水源上。他要借助先进的科学技术追寻南垣水之梦。2000年，在乡、县两级水利专家的帮助下，一座截潜流工程出现在村前的河沟里，要用工程蓄积山上渗透的浅层地下水，以解刘家村人的饮水危机。然而浅层水水质苦涩，水量不足，追梦的脚步驻足在小河沟。不服输的宋武卿，请来县里、市里的找水专家问诊求计，多方打听找到省水文勘测局的专家寻求帮助。2003年，经电法、重力法、磁力法、核磁共振法等多种方法探测，村前深沟里打出了第一眼90米的深井，但黑森森的井洞没有冒出他们渴望的清水。他们没有气馁，重新定位，再次上马，又打成了一眼深井。仿佛老天硬要与刘家村人过不去，这眼井的出水量也仅能维持每天不到20分钟。宋武卿，这位刘家村的当家人一夜之间苍老了许多，祖祖辈辈的水之梦，难道只能是墙上的画、天上的月，只能存在于梦中么？水之困，何时解？水之梦，何时圆？

正当宋武卿陷入困境之时，闻喜县水利局副局长杨少军来到了刘家村。这位人称闻喜活水图的水利人，与宋武卿一拍即合，联手共同来圆刘家村人的水之梦。经过一个多月的勘测设计，得到山西省饮水解困专项资金的支持，确定从6公里之外的后山崔家庄引水解困。在宋武卿书记的号召下，村里16名党员带头，男女老少齐上阵，自带工具，自备干粮，数月的风餐露宿，终于在绵绵群岭间铺设出一条蜿蜒曲折的引水通道。清彻甘甜的山泉汩汩流进了刘家村，哗哗的水声取代了世代摇动的辘轳声。通水的日子成了刘家村的节日，宋武卿书记悄悄松了一口气，刘家村终于圆了垣上水之梦！

然而，天不作美，好梦难圆，山泉水仅仅用了一年半，刘家村人又不得不再次面对缺水的难题。崔家山水源枯竭，自用难保，更遑论送水出村了。怎么办？宋武卿又踏上了漫漫的求援路，在山西省水利厅，他与厅长潘军峰有过一个短暂的会面。这位山西水利的掌门人有感于这位老党员的拳拳赤子之心，在全省水利工作重点由饮水解困转往饮水安全的背景下，指示市、县水利部门专题解决刘家村人的用水问题。经各级专家会诊，先前修建的截潜流坝经过铺设沙石过滤、坝后再筑拦水堤等一系列改造和补建，得以重新发挥作用。

中国共产党90华诞来临之际，我再次前往刘家村。走进刘家村，一户村民正用自来水淘洗小麦，问起村中的用水，他掩抑不住喜悦地说：好，共产党好，水利人好！见到宋武卿，这位朴实的村支书指着截潜流工程和拦水坝旁的溢洪道工程说，这是我们村一代共产党员交给后世子孙的答卷，近20年的风雨冲刷，还像刚修好时一样，经住了检验！谈到有人戏称的“找水书记”的美誉，他腼腆地说：瞎说哩，老祖宗选的这块地方，我一家人就在这里生、这里长，谈不上高尚，顶多说圆了自己的少年梦罢了。

多么朴实的语言。是的，这不过是一个乡村党支部书记的圆梦之举罢了。也正是这位乡村党支部书记以及和他一样的人执着追寻的步履，圆了无数垣上群众的水之梦，赋予这方热土以生命和气韵。

（本文由山西省水利厅推荐，获散文类评比三等奖，收入本书时有删改）

我的春天我的河

何红霞

翻着绿色麦浪的田野上空，布谷鸟像一粒粒黑色的棋子在忽快忽慢地滑动。

河里的大白鹅，戴着整齐的红帽子，曲项向天悠闲地唱着那首千年前的歌。

今天，在这样景致丰美的河畔，我陷入到一种从未有过的停顿里面。这个安详静谧的春天，如同一个载满了希望的漂流瓶，在月光下涉水而来，等待被一双暖意的手捧起、一颗战栗着的心去呼应。

河流，一个多么丰饶诗意的词。有甘露的甜，有清冽的冷，有跳跃明亮的光，有九曲回转、无限延伸的过去和未来。可以是山涧鸣翠，滴滴答答，叮叮咚咚；可以是小桥流水，淅淅沥沥，哗哗啦啦；可以是滚滚长江东逝水，浪花淘英雄；可以是黄河远上白云间，气吞山河又亘久孤独。

今夜，人是小小的一个我；河，是一条弯弯的河。春天的月光下，我们都安于静默。如果非得说出这河的名字，那么，请叫她沮漳河。她源自群峰巍峨、山势独秀的荆山山脉，以老河口以上分为东西两支，西支名为沮河，东支就叫漳河。对楚文化而言，“沮”、“漳”具有近乎神圣的内涵。史称楚人“辟在荆山。筚路蓝缕，以处草莽。跋涉山林，以及天子。唯是桃弧、棘矢，以共御王事”。楚人沿着沮漳河一路走来，沮漳流域可以说是早期楚文化的中心。周朝前楚人走出荆山，来到沮漳下游一带湖泊纵横的沼泽地区，在这里开渠引水、围湖造田，历经艰难困苦，开创了悠久灿烂的楚文化。

许多年后，我像一粒尘埃，落在了漳河畔，一下子就爱上了她的清新，她的秀美，以及她内藏的风声。从此朝花夕拾，晨钟暮鼓，踏浪起舞，击水而歌。这条河，就是我心仪钟情的桃源，是我的全世界。我的事业和使命，就是护着这河、这水，这从远古流淌下来的生命之源。

我的河不是一开始就这么美好的。1958年修建漳河水库前，每逢暴雨闹山洪，两岸常常溃决成灾。史载，自清道光二十九年（公元1849年）至1949年的100年间，共发生洪灾50次。然而在这水患频繁的漳河东岸却有一大片丘陵岗地，年年缺水苦旱，人畜饮水也较困难。据历史水文资料分析，漳河灌区干旱发生频率极高，大旱约为十年两遇，中旱为五年两遇，小旱几乎年年都有。灌区流传着这样一首民谣：“水在河里流，人在岸上愁；天旱地冒烟，十年九不收。”无穷尽的水旱灾害，无法根治，人民苦不堪言。

新中国成立后，党和人民政府十分关心沮漳河的开发治理。经过调查勘测，决定1958年在漳河上游动工修建水库。漳河水库规模大，任务艰巨，枢纽由5坝9闸、3段明槽和2座电站组成，灌区渠道分9级，各种建筑物15000多座。在1958年动工兴建这样大的工程，真是困难重重。但是，广大干部、群众，在各级党组织领导下，以高度的社会主义建设热情和自我牺牲精神投入漳河水库建设，他们争先恐后、自愿报名，不计报酬、不辞劳苦，日以继夜战斗在工地。有的农民全家出动，春节也不回家。干部与群众打成一片，同吃一锅饭、同住一间草棚。总指挥长饶民太8年施工就有6年与民工在工地上共度除夕之夜。施工期间最多上民工13万多人，呈现出炮声动地、尘土遮天、人山人海、气壮山河的雄壮场面。为了建成漳河水库，200多名优秀儿女在工地上献出了宝贵生

命。

历时8年，水库竣工投入使用。从此，这条河仿佛从桀骜不驯的少年，步入沉稳通达的壮年，背负起更多的使命和责任，承担了260多万亩农田的灌溉任务，成为中国9个200万亩以上的大型水库灌区之一，还供应着下游几百万人民的工农业用水和生活用水，成为这一片大地赖以生存和发展的生命之源。

岁月走到公元2011年的春天，我的漳河更加安宁和深邃。天空有布谷鸟像黑色的棋子一样滑动，水中的一对鹅在白毛浮绿水，红掌拨清波。我知道，在一夜春雨后，我的河畔会有绚烂如旗帜的朝霞在东方的水面上缓缓升起，映红整个春天。

（本文由湖北省水利厅推荐，获散文类评比三等奖，收入本书时略有改动）

情牵梁溪河

唐　力

“江南好，真个到梁溪。”清初词人纳兰性德的诗句，是梁溪河最贴切的注脚。

我家就在梁溪河畔，门前是连片的鱼塘，再过去，就是梁溪河。往来船只的笛鸣，总在夜阑人静时悠远划过。

鱼塘的水很深，因为觉得危险，父母总是严厉地嘱咐，不让我多去。但放学后，那里就是我和玩伴的乐园。春天里，鱼塘的土堤上种满了麦子，油菜花也星星点点散落其间。桑葚是盛夏的果实，但我们哪有耐心等到熟透。这时候的鱼也容易缺氧翻肚子，拿根长杆子，小心翼翼地把鱼拨到岸边，石桥洞里的小伙伴已经捡了些干草把火生起来了。不刷油也不抹盐，就吱吱在火上烤，直烤到外表黑糊糊发焦了，剥去焦皮，露出热腾腾的鱼肉，你一口我一口，烫得舌头在嘴里直打转。秋天到了，蟋蟀的嘶鸣让我们的心也痒痒的，该好好显显身手、比个高低了。冬天才是鱼塘收获的季节，要干塘了，河堤上满是人，看着渔网里活蹦乱跳的鱼，惊叹和喜悦自不用说。我们也在岸上眼巴巴瞅着，网里总会有些橘红色的鱼，我们拿回去都稀奇地像个宝贝。

这就是儿时的日与夜，这就是梁溪河流淌的情和美。

除了这些，印象里还有每年夏天如约而至的大水。我们家地势高还

好些，隔壁好几家都是上了年头的老房子，雨水从下水道漫出来，倒灌进屋子，积水没过膝盖，板刷、木盆飘得到处都是。大人们都要到梁溪河堤上扛沙袋加固堤岸，我们则穿着拖鞋在水里趟来趟去，打水仗玩得不亦乐乎。没过几年，发大水的情形似乎越来越少见，这样的记忆也逐渐淡忘了。直到参加工作，从事了水利行业，知道了一轮治理太湖的情况，这才恍然大悟，难怪村里不再有积水，父亲也不需要上堤抗洪抢险，都是太湖流域大规模水利规划和建设的结果。

城市发展的脚步很快，门前的鱼塘一个个被填掉了，取而代之的是宽敞的马路和拔地而起的高楼。梁溪河还在那里，无言接受文明的废弃，寂寞流淌。2007年夏天我在北京求学期间，母亲打来电话，说无锡现在供水危机，太湖蓝藻大爆发。我又问起梁溪河的情况，母亲叹了口气。其实还用问吗？已经是那个样子，无非是更差些。挂断电话，儿时在梁溪河边嬉戏玩耍的情景又都涌到眼前，梁溪河的风情却恐怕永远只能留存在记忆里了。

也许正是因为有了刻骨铭心的教训才体会到人水和谐的重要，太湖流域水环境综合治理如火如荼开展起来。梁溪河边多了很多忙碌的身影，清淤、疏浚，单一的硬质护岸被拆除，铺上了草，种上了花，植上了树。梁溪河畔的原住民对她的讨论越来越多，言语中充满了期待。

人间四月天，一个温暖的午后，我徜徉在梁溪河边的石板路上。杨柳已经睁开春梦里的笑眼，樱花似乎要用掉积攒了一整年的力量，拼命绽放。人不多，阵阵鸟语伴着青草的气息拂来，河水拍打岩石发出汩汩声响，河底的水草似乎也能见到。美得让我有些不敢相信，这是魂牵梦绕的梁溪河，也是从未记忆过的梁溪河。

梁溪河的又一个春天来了。

（本文由太湖流域管理局推荐，获散文类评比三等奖）

我爱你

陈立新

门前是长江，江滩上是长江防护林，连着防护林的是长江大堤，我们是守护长江的人。我爱长江！我爱长江防护林！我爱长江大堤！我更爱和我一样守护长江的人们！

我爱你，长江！

你从世界屋脊的雪山一泻千里，注入最大的海洋，你孕育了我们伟大的民族、源远流长；你经历了多少惊涛骇浪、暗礁险滩，却依然汹涌澎湃、一往无前；你是这样英勇、顽强！

你是伟大的母亲。尽管受过暴虐，有过忧伤，但依然以博大的胸怀和甘美的乳汁把儿女哺养。多少个世纪过去了，装下了无数柔波狂浪、百舸千帆；也经受了风雨雷电、血火硝烟；送走了昨天的贫穷与耻辱，载来了今天的繁荣和富强！不施粉黛，却一天比一天年轻、漂亮！渔火与明月交辉，金波闪闪，似有千万条银蛇在游动，你是那么慈祥、那么温柔、那么壮美、那么高尚！

我爱你，长江防护林！

你是一列列哨兵，接受人民检阅，迎接洪水的洗礼。哪怕是夭折，甚至连根拔起，也在所不惜。吸进二氧化碳，呼出氧气，紧守脚下的土地。为了人们的家园更加美丽，最后不惜奉献自己的生命和躯体。

你是保护我们生命财产的神啊，你是维护我们健康的制氧器！你荫护着大地母亲！

我爱你，长江大堤！

你是巍峨的长城，一头连着党心，一头系着民意，用身体阻挡洪水对生命和财产的袭击！屹立的通江涵闸啊，扼守着防汛抗旱的咽喉，输送着健康的血液；盘踞的防汛道路啊，既是抗洪的枢纽，又是人们致富的阶梯……

啊！你只是堤坝吗？不，你是幸福和谐的希望！我渴望你健康，渴望长江安澜，渴望生活蒸蒸日上！

我爱你，守护长江的人们！

你是建筑家，忠诚祖国，筑牢防洪大坝；你是画家，手提铁锹，把荒滩绘成山水画；你是作家，挥动镐锄，挖起一棵棵杂草，谱写一篇篇护堤佳话；你是军人，发誓要断绝非法占用和非法采砂；你是歌唱家，唱响的《抗洪礼赞》已传诵天下。

啊！守护长江的人呀！日登江坝、夜宿孤洲、披霜戴露，是为了江河的锦绣，为了大地的丰收。献身、负责、求实，用科学发展观把未来规划，用智慧和汗水为人民保驾，用青春和生命守护着国家。

我爱长江，我爱长江防护林，我爱长江大堤，我更爱守护长江的人们。

（本文由安徽省水利厅推荐，获散文类评比三等奖）

水利，我心中飞扬的歌

张德福

水利，我心中飞扬的歌！你再也不是几千年前大禹治水的种种传说，再也不是童年时代记忆中破旧的老水车，六十年来你每天都在翻唱着那首古老悠扬的歌。看如今，充满勃勃生机的都江堰啊，把川蜀大地浇灌得如此妖娆；神奇坎儿井的潺潺流水啊，仿佛流淌着巍巍天山上不朽的歌；壮观天下的钱塘江海塘啊，迎接潮水时的撞击声好似激昂的乐曲；宛如巨龙的京杭大运河啊，在现代文明中依然闪耀着夺目的光泽！

水利，我心中飞扬的歌！你再也不是光脚艄公哑嗓里发出的凄惨号子，再也不是历代文人墨客笔下水的忧伤水的苦涩，六十年来你一直用诗人般的豪放吟诵着美丽的山河。看如今，高峡出平湖让几代中国人的梦想变成现实，美丽的太阳岛唱响了松花江上空的欢乐激情，清清的东江水仿佛还在南海边上演绎着春天的故事，万水千山总是情谱写出新中国几代人脸上的幸福和欢乐！

水利，我心中飞扬的歌！你再也不是光秃的群山、荒漠的草原，再也不是渐渐消失的湿地、时而污染的江河，六十年来你一直像含苞的荷花在绵绵细雨中朝着天空昂首放歌。看如今，你为初春的麦苗解决了漫长冬季的饥渴，你为炎炎的夏日送去了沁人心脾的清新凉爽，你让深秋的果实变得如此金黄、如此丰硕，你在隆冬飘雪时给千家万户送去的是

无限温暖和光热！

水利，我心中飞扬的歌！你再也不是洪魔逞凶的滔滔长江，再也不是洪水泛滥成灾时决口的黄河，六十年来你一直是首披荆斩棘的豪迈之歌。看如今，雄伟的三峡大坝啊，那是我们中华民族挺起的自豪的脊梁；斩断九曲黄河的小浪底水库啊，时刻为下游百姓倾泄久盼的欢乐；南水北调工程的灯火啊，把大江南北的夜晚激起一片片沸腾；治淮工程的隆隆马达声啊，正和水利建设者们一起谱写战天斗地的雄壮之歌！

水利，我心中飞扬的歌！你再也不是大跃进时人们眼中的饥饿，再也不是红旗渠两岸农民望眼欲穿盼水喝，六十年来你一直是首让百姓享受美好生活的舒心之歌。看如今，“水利是农业的命脉”的口号早已变成民生水利的独特和火热，生态补水让枯萎的扎龙湿地引来了成群的丹顶鹤，黑河调水让干涸的东居延海重现了碧波荡漾的景象，压咸补淡给港澳同胞送去的水是那么甘甜、那么清澈……

水利，我心中飞扬的歌！我们曾经在风雨中彼此依偎，我们曾经在冰雪中相互搀扶，怎能忘记“九八”抗御洪魔、荡气回肠的场面如诗如歌？怎能忘记堰塞湖上泥石流中你坚忍不拔创造的不朽传说？如今人命关天的防灾思想啊，让水利人在抗击灾害的行动中不敢有丝毫的耽搁；以人为本的减灾宗旨啊，永远是我们水利人肩上担起的神圣职责！

水利，我心中飞扬的歌！我们再也不怕蓝藻暴发带来的焦虑，我们再也不怕江河污染带来的折磨。如今，水利人用踏实的行动和步伐，让江河和湖泊洗掉了身上的污浊，齐心的行动让太湖再次荡漾起清清的浪花，高效的治理让松花江重新焕发出绚丽的光泽；如今，生态文明早已在水利人的心底扎根，又好又快，就是我们水利快速发展的高尚准则！

水利，我心中飞扬的歌！这歌让水利人在无悔的事业中献身，这歌让水利人在孜孜求实中奉献，这歌让水利人时刻为百姓的安危负责。放歌水利，我们在“一号文件”的引领下迎来了崭新的春天；放歌水利，我们在“民生优先”的口号中创造着万家的欢乐。水利人从此放飞理想的信鸽，朝着清新蔚蓝的天空展翅飞翔，朝着祖国富强的明天挺进高歌！

水利，我心中飞扬的歌！你正歌唱祖国的繁荣和富强，你正奏响庆祝建党九十周年的生日赞歌。我要用这赞歌表达对中国共产党的衷心祝福，衷心祝福我们伟大的党生日快乐，衷心祝愿我们的党前程似锦、朝气蓬勃。我要让这衷心的祝福感天动地、情满江河，我要在这声声祝福中再次振臂高呼：水利，我心中飞扬的歌！水利，我心中永远飞扬的歌！

（本文由松辽水利委员会推荐，获散文类评比三等奖）

献身水利事业 为党旗增辉

石生选

20世纪70年代初，我高中毕业回乡参加劳动，有幸参加了水利工程建设，初次接触到水利这个行业。但当时我绝没想到，自己以后竟会毕生与水利事业结缘，为水利造福地方奉献自己绵薄的力量。

记得那一天，生产队长叫住我，严肃地对我说，李记大弯水库正在建大坝，各生产队都要选派民工，你也算一个吧。就这样我背起行李卷加入到李记大弯水库大坝加固工程中。

该大坝地处宁夏回族自治区境内今惠安堡镇一带。当时据该大坝管理人员讲，加固这个大坝可更好地起到防洪和洪灌的作用。也就是说大坝建成后，可以充分灌溉农田，造福一方。岂不是能吃饱肚子了吗？一想到这个，于是自己包括几乎所有民工兄弟都信心倍增，干劲冲天。当时施工环境和条件极为艰苦。既没有现在的大型机械化设备，也没有现在好的生活条件。且作业上全凭铁锹、背篼外加人力车一点一点夯土堆高。吃的是粗米淡饭，住的是临时就地挖出的洞穴或临时搭建的工棚，但一想到前面描绘的美好蓝图，我们这些吃惯了苦的民工也就觉得没什么了。

原以为参加建设的水利职工以及一些管理施工的干部条件会比我们好些，但实际上，在当时那个情况下，他们也和我们一样住工棚、吃粗粮，没有一点特殊。条件虽艰苦，可工作却一点不马虎。当时工地有一位水利技术干部，他是一名共产党员，当年已50出头了，但是每天自始至终或守候在大坝上，仔细检查施工情况，严把质量关口；或跌跌爬爬在人车之间，指挥民工严格按要求取土夯土，不容许有半点弄虚作假的事情发生。一旦看到违反者，一定要求返工。他成天吼着个嗓子，在我们看来，比我们使出的力气还大。至于管理水库的其他正式职工也完全投入到工地施工中，看不出与民工有什么两样。“啊，水利职工为了俺们百姓的生产、生活竟是如此的敬业和朴实！”当时自己不由发出感叹，打心眼里佩服。从那时起，我就发自内心感激水利人，也慢慢地对这个职业产生了仰慕之情。

在参加大坝建设劳动期间，我曾经回过几次家，但是回了几次家迷了几次路。我没想到这一带尽管地势平缓，由于严重缺水，加上连年风大沙猛，可以说遍野沙丘，连绵不绝。行走在这样的地方，怎能不迷路呢？据介绍，大坝加固后，利用自身蓄水的功能，可对这一带进行一定的灌溉，改变这里农田缺水的面貌，并对这里的生态环境产生不小的影响。在憧憬面前，尽管每次迷路都多费不少力气，但我心里却有说不出的喜悦。

当然，真正对这一带群众的生产、生活和生态起到关键作用的还是盐环定扬水工程的兴建。该工程的投入使用，才使当初我所看到的满目沙丘连连的荒野变成了一座座绿洲，这一带群众才告别了千百年亘古不变的苦咸水和长期以来干旱缺水、每年要看老天爷脸色吃饭的历史。这些都是我后来成为一名光荣的水利工作者以后才知道的。

也许真的有缘分之说。那次水利工地劳动以后，我对水利工作多了一些关注，也有了一份牵挂。机缘巧合，我最终加入了水利行业，成了一名水利人。多年来，在这平凡而艰苦的工作岗位上，我没有忘记自己是一名共产党员，牢记党的宗旨，与同事们一道，认真工作，为水利造福地方奉献着自己的青春年华。

时光好快啊，一晃这么多年过去了，虽然我只是尽了一个普通共产党员的本分，却多次受到党组织和单位的表彰奖励。在建党80周年，我被评为宁夏回族自治区水利系统优秀党员。今年我们迎来了中国共产党90周年诞辰，衷心祝愿我们的国家越来越好，水利事业更上一层楼！

（本文由宁夏自治区水利厅推荐，获散文类评比优秀奖，收入本书时有删改）

丰碑

常　春

一座圆柱形的高大水塔，矗立在我的家乡。

从此，清亮亮的自来水通过管网，就像血液通过毛细血管，流到了各家各户。

每当看到这些，乡亲们就会想起当年打井取水时支井架、落钻头、排泥浆，汩汩的甜水喷涌而出的情景。

那时，机井代替了老几辈人的辘轳井，乡亲们收起了挑水的扁担，再也不用为井深、水少、水浊犯愁了。

再后来，水塔建成，输水管线入户，村里人第一次用上了流到锅台边的自来水。人人心里甜蜜蜜，脸上乐开了花。

这是党的富民政策给父老乡亲带来的幸福；

这是水利工作者为农民兄弟引来的甘泉。

有人提议：立一块碑吧！得到众人响应。

于是，最好、最坚实、能经千年风雨的花岗岩碑料找来了，十里八乡最好的书家请来了。

研了新墨，饱蘸狼毫，洁白的宣纸上，“重修水源记”几个方正娟秀的大字便显得凝重有力，力透纸背。

村里人都说，要不忘过去的苦难，要写上党的恩情，要记载水利人

的贡献。

老爷爷忘不了民国18年的年馑："关中大旱，三年绝收，人相食。"我无法想像那场大旱是何等惨烈！但那苦痛是烙在老辈人心头的疤，永远也褪不去。

父辈们说："1949年，穷人得解放，分田做主人。"我爷爷就是在那个时候，分到了地主家的土地和牛。从此，寒夜被驱走，阳光普天照。

乡亲们说："新中国大兴水利，百姓踊跃出劳，万年旱原，首次得清流。"

那时，父亲去了水库工地。关中西部最大的水源地——冯家山水库就是共产党人不断论证、勘察，并带领成千上万的老百姓，拉着架子车、啃着玉米面修成的。

那时，穿过家乡的西干渠成了新地名。跌水、渡槽、支渠、斗渠成了乡亲们眼里五彩缤纷的新世界："终于有了不怕旱的水浇地了，娃娃们以后可以爬在馍馍堆里吃了。"听着父辈们朴实的感叹，看着他们满足的表情，我们这些娃娃，终于知道了什么是幸福。

饱含乡亲们深情的碑文在退休老教师精心推敲下写成了。

碑文写道："车家门前村人饮工程始建于1998年，经2008年5·12特大地震波及，损坏严重，无法使用，全村400余口人众饮水成患。然幸逢盛世，党和政府及时进行灾后重建，国家投入水利重建资金16.8万元，群众投劳300余个，建成30吨水塔一座、现代化水厂一处。涓涓清流，复润村人。"

碑文又述："思本村水源工程，1998年建成，今又重建，此实得政通人和国力强盛之荫，我等村民沐国家民生之雨露，唯以和睦勤耕当为报之。公元2009年3月26日记。"

家乡重修水源记的碑文被镌刻在花岗岩碑料上，技艺高深的石匠拼全力在刻，老人们说，要刻深点，刻深点，再刻深点……

这，只是陈仓大地上无数个自然村落的缩影。

陈仓大地丰碑无数。石鼓文是丰碑，大篆的美姿载着秦人先祖“吾水既清，吾道既平”的理想；

九成宫礼泉铭是丰碑，楷书镌刻着大唐士大夫“登高思坠，持满戒溢”的训诫……相比起来，家乡这块嵌于水厂墙上的方碑，尽管不高大，不珍绝，然而它是乡亲们的心灵之碑。它就是高大、珍绝的丰碑！

神州大地上，有多少个如家乡一样得水之利的故事，就有多少座矗立在百姓心里的这样的丰碑！

（本文由陕西省水利厅推荐，获散文类评比优秀奖）

一位巡渠工的党员本色

刘浩军

有一位巡渠工，在远离县城80公里的茫茫大山里，26年如一日坚守在异常艰苦的水利工程巡护岗位上。他，就是江西永丰县返步桥水库管理所共产党员、巡渠工王小群。

今年3月2日，是一个冷雨纷飞、春寒料峭的日子，我在水库大坝和王小群不期而遇。他中等身材，脸膛黝黑，精神充沛，因为刚巡渠回来，额头汗流如珠。笑眯眯地招呼我们落座后，他端上几杯白开水。我曾经在这里呆过13年，和他是老同事了，交谈起来倍感亲切。

返步桥水库是永丰县最大的以灌溉为主兼顾发电的中型水利水电枢纽工程，始建于20世纪70年代，灌溉、发电引水干渠总长54.41公里。由于水库运行时间较长，工程老化，险情时有发生。1985年，年轻的王小群成为返步桥水库管理所的一名职工，负责9.7公里总干渠的巡护任务。他所巡护的那段干渠，属工程的咽喉地段，一旦出现异常，可能导致全线瘫痪。小群明白自己工作的重要性，从上岗的那天起，他就要求自己严格认真地履行职责，做一名合格的巡护工，并积极追求进步，很快成为一名年轻的共产党员。

王小群工作的环境条件比较艰苦，干渠沿线的山路崎岖险峻、荆棘丛生，不时有野兽出没，夏天经常遭遇毒蛇挡道，蚊虫叮咬更是家常便饭；冬天这里气候寒冷，山风较多，巡查的路上时常被寒风袭击，但他从不因此而减少巡护的次数和长度。即使数九寒冬，每天仍照常下到冰冷刺骨的渠水中清除阻水障碍物。遇有强降雨天气，甚至加密巡查次数，不分昼夜，一遍遍往返在渠道上，经常顾不上吃饭，每天呆在值班房休息的时间不足4小时。一顶草帽，一件雨衣，一双雨靴，一把砍刀，一根木棍，一只电筒，是相伴他几十年最亲密的“战友”。

2010年6月，永丰县发生八十年一遇的特大洪水，水库工程安全面临严峻考验。集中的强降雨，导致工程险情时有发生。为了保证干渠安全，他每天顶风冒雨排查险情。大雨滂沱，穿在身上的雨具根本挡不住横扫的雨柱，常常出门不到10分钟全身就被雨水淋湿了，但他全然不顾。由于连续多天冒雨巡渠，他感冒发起了高烧。单位领导关切地安排他休息，他说：“我能挺住，不在渠上我心里不踏实！”他把感冒药带在身上，坚持在风雨中巡查工程。由于感冒头晕，加上道路泥泞打滑，王小群不慎从渠岸上摔下来，擦破了手掌，但他爬起来忍痛继续前行。通过他和同事们的共同奋战，使险情及时得到排除，水库工程终于安然度过汛期。

防止人们在水库炸鱼、毒鱼，以及在大坝附近采石、取土等一些危及大坝安全和污染水源的行为，也是王小群的一项重要工作职责。

在一个伸手不见五指的夜里，正在库区巡查的王小群听到不远处的水中传来“轰”的一声闷响，他打着手电迅速跑过去，发现一伙人在炸鱼，便大声制止。对方仗着人多势众，根本不把王小群放在眼里，毫不理会，依然我行我素。

面对嚣张的违法团伙，王小群毫不退却，一边镇定地向水库管理所领导汇报，请求支援；一边没收他们的捕鱼工具。一个五大三粗的汉子气急败坏，强行阻止王小群没收工具。王小群火了，大声吼叫：“有本事就和我去派出所讲理！”大汉恼羞成怒：“再不滚开，就把你丢进水库喂鱼！”王小群无所畏惧地说：“就是要了我的命，我也要依法制止

你们!”邪不压正，王小群誓死保护水利工程安全的凛然正气，彻底震慑了违法团伙。他舍命护工程的故事很快在库区人民群众中传颂开来，从此，炸鱼、毒鱼等危及水库安全的违法现象大为减少。

王小群有记日记的习惯。在他的卧室，经过他同意，我随意翻看了几页，其中一篇是写给家人的除夕夜真情独白，文中的真挚情感深深地感动了我——

今年的春节又是在单位过，屈指算来，我已经在水库上过了20个大年了。

尊敬的父亲母亲，辛苦的老婆，乖巧的女儿，你们的病痛冷暖我关心不到，亏欠你们的太多了！正是由于得到你们的无条件支持，才使我能够在深山坚守岗位几十年。我在遥远的大山里为我们一家祝福，兔年吉祥如意!

说句大实话，每逢佳节倍思亲，我也期待和你们团聚呀！可我不能，我是党员，我要为党争口气!

单位领导很关爱一线职工。现在，值班房和卧室都被翻修一新，装上了有线电视，订阅了报刊。春节前夕，领导还专程来大坝慰问我们，送来了过年用的食品。我心里热乎乎的，没有理由不热爱这份工作呀!

上个月，一位自主创业成功的同学要高薪聘请我，月薪5000元。比起现在的工作，既轻松待遇又好，确实无法不让人心动。但数十年的巡渠工职业，已使我与水利结下了深厚的情缘，我觉得我已离不开这里，所以只好婉言谢绝了同学的邀请。

对于我这样的举动，开始你们不理解，但尽管如此最后你们还是支持了我，对此，我再次向你们说声谢谢!

今天晚上就说这些，休息好，明天大年初一要去巡查工程。

这虽然是一封家书，表达的是对亲人的思念和无法照顾他们的歉疚，可我分明看到的却是一个人对事业的执着和赤诚。

一个平凡的巡渠工，一位普通的共产党员，从王小群的言行中，我看到了“献身、负责、求实”的水利行业精神和百万水利人献身水利的动人心魄！

（本文由江西省水利厅推荐，获散文类评比优秀奖，收入本书时有修改）

饮用水变奏曲

张志光　颜丙芹

我的老家坐落在沂蒙山区一个美丽的小村庄，沂河就像一条银色的玉带从村子东边绕过。村子的西头有一口古井，井水甘甜，清凉可口，村里的人们每天都到井中取水。

古井是静谧的村庄中最为热闹的地方，勤劳的妇女和嬉戏的儿童总是在井边忙个不停。妇女们在井旁一边大声地说笑，一边用力地洗着衣服，孩子们则在周围尽情地追逐、玩耍。有时，甚至引得秉性喜欢戏水的鹅和鸭子也来凑个热闹。古井、妇女、儿童、鹅、鸭、凉晒着的各色衣服，连同井旁的那棵形状奇异、苍虬多筋的柳树，构成了一幅美妙绝伦的田园风景。当然，最令人难以忘怀的，要算是《古井》里描述的那道靓丽的风景：每天从晨光熹微到暮色降临，去水井挑水的人总是络绎不绝，桶儿叮叮当当，扁担吱悠吱悠，就像一支支快乐的乡间小曲。古井就像一位温情的母亲，用她那甘甜的乳汁，哺育着村子里一代又一代的儿女。我也就在这淳朴、恬静的乡土气息中，喝着甘淳的井水慢慢地长大了。

1983年的夏天，远在异乡求学的我，归心似箭地闯回家中。一进大门，竟发现院子里“雄卧”着一件新设备，原来那就是手压泵。从此，我家就告别了到古井用肩挑水的历史。

手压泵用于提水，真是太方便了。当需要用水的时候，人们只要用力去驱动泵的手柄，饮用水便会像清泉一样汩汩流出。倘若是在烈日炎炎的夏天，口干舌噪之时，狂饮上一瓢透心凉的手压泵水，定会给你沁人心脾、如啖甘饴的享受。

无论是春风鼓荡还是夏日焦炙，无论是秋雨淋淋还是冬雪皑皑，手压泵都无怨无悔、默默无语，恪守着自己的神圣职责。只有当手压泵工作时，才会发出节奏明快的律动，这让寂静的庭院里，有了些许动感。无疑，这时的手压泵，才是庭院里最独特、最隽永的一道风景。

"手压泵"登上了我家的饮水舞台，不但极大地减轻了父母的劳动强度，而且使饮用水更加方便、快捷、卫生。从此，手压泵就成了我们家里的"新宠"，人人都乐此不疲地争着去当手压泵的动力，就连我那还在幼儿园的儿子，每次回老家时也要争着去"压"水。

历史的车轮到了2000年，我们兄弟姊妹都已陆续成家，有的还远离父母。年过花甲、手脚越来越不利索的父母，再靠手压泵取水饮用，无疑会成为一种生活负担。于是，服务了18个年头的手压泵光荣地退居"二线"，更为方便、快捷的电动自吸泵终于在我家"闪亮登场"。

电动自吸泵用于提水，真是方便至极。只要你轻轻地将电闸一合，电动自吸泵就会像听到了战斗的号角，顿时精神抖擞，慷慨激昂地从口中喷吐出哗哗流水。不大一会儿工夫，电动自吸泵便会漂亮地结束战斗，神气地静候在那里，随时准备接受下一次"任务"。

新千年，新气象。经过全家人的齐心协力，我们将水井移到了新盖的房屋内。并且，还为电动自吸泵设了专用房间——泵房。这样一来，即便是在隆冬腊月，冰天雪地之时，父母也不会再为水井被冻结而发愁了。劳苦了一辈子的父母，终于能够舒心地安度晚年，这对于远离父母而又工作繁忙的我们，自然减少了一些对父母的牵挂，增加了一份对事业的投入。

2008年，"村村通自来水"工程实施来到我村，打深水井、建蓄水池、安装自来水管，从而彻底解决了全村人的饮水难问题，祖祖辈辈的梦想终于变成了现实，纯净、卫生的自来水已经欢畅地流到我家。“昔日吃水真发愁，今日清泉院中流；民心工程政策好，幸福生活有奔头”。现在，党的惠民政策已经遍及齐鲁大地，新农村建设的宏伟蓝图正在一步步实现，不久的将来，我那美丽的小村庄定会是一番崭新的景象。我憧憬着……

（本文由山东省水利厅推荐，获散文类评比优秀奖）

你是一条河

郭金龙

人类文明的摇篮，无不沿着河流而诞生。河的历史就是一部民族成长史。

第一次与黄河谋面，是我在山东泰安到河南新乡的列车上。那是一个夏天的夜晚，外面的视线不很清楚，只能趴在车窗上，凭着感觉听黄河的流水声，夹杂着火车轮子敲击铁轨的声音。我禁不住问自己：这就是我们中华民族的母亲河吗？

几年之中，生活发生了数不胜数的变化，许多回忆都随烟云而去，唯独那条浪涛滚滚的黄河，真真切切地留在我的记忆深处抹不掉了。而早于这次中原夜晚之行，我只是在历史书籍和文学作品中与文人墨客们谈论黄河。

2009年，我来到陕北延安，亲眼目睹了江西瑞金之后的红色之都。宝塔山下，清清的延河水边，我仿佛看到了那一队队戴红色帽徽的人们的身影，听到了《黄河大合唱》那高亢的旋律。

当年，那个湖南汉子，从湘江出发，带着一嘴的辣椒味儿和一脸指点江山的自豪，从延安起程，乘船沿黄河顺流而下，去拜谒中华民族的鼻祖黄帝的陵寝。他就站在船头，以诗人的浪漫，迎风而上，那伟岸的身躯，挥手之间，就注定了这条河的命运。

那时的国民政府，为了熄灭民主和自由之火，在花园口决堤放水，人民却以顽强的力量抵抗着大山的压力，毅然决然的站立着，站立着。而那个腐败的政府，却被决堤的洪水冲击得摧枯拉朽，退出了历史的舞台。

我出生在20世纪60年代，经历了中国从贫穷到富裕的历程。当举国上下从那个疯狂的年代沉静下来，寻找吃饱吃好的途径的时候，是那个小个子的四川人用手一推，中国封闭多年的国门向世界敞开。历史发生了巨变，发展才是硬道理成为时代的主旋律。春天的故事在古老的中华大地上演绎出无数催人奋进的话题。

我知道，是河成全了这个民族的伟大创举，给了这个民族幸福与未来。2010年，我来到山西壶口，站在黄河岸上，看着一河奔流的浪涛，和那飞泻直下的瀑布的汹涌气势，不由想起唐朝诗人李白“黄河之水天上来，奔流到海不复还”的神思遐想，更想起中国共产党从黄河走向全国、让华夏民族再次崛起东方的强大魄力。

翻阅共和国的历史，黄河一直占据着重要的地位。毛泽东主席第一次走出古都北京，就巡视了黄河。那是我很小的时候，从一本画册上看到了毛主席的照片，我兴奋地捧在手上，凝神看着他老人家站在黄河岸上，望着那条蜿蜒浑黄的长河，神情是那么的安静和自信。“要把黄河的事情办好。”号令一出，于是新中国治理黄河的历史拉开了序幕。从那时起，历届党和国家领导人都把这条母亲河的治理摆上重要位置，治理规划三易其稿，不断完善。胡锦涛总书记、温家宝总理从历史与科学的高度，关注这条河流的现状与未来，把它载入国计民生的大计。今年的一号文件，提升了水利工作的位置，黄河治理首当其冲。治水理念也从传统的单纯的河道治理，变成综合开发利用。并着眼于资源水利、现代水利和民生水利。一代代水利人，在党的领导下，不忘人民的重托，谱写一曲曲黄河治理的赞歌，改变了古老河流的面貌。新词新曲，新的母亲河！

坐在陇海线的列车上，沿途经过一个特殊的城市——三门峡市，每当夜幕降临，那里灯火通明，有镶嵌在黄河岸上的明珠之称，她就是黄河第一坝的诞生之地。从三门峡开始，相继建成了刘家峡、龙羊峡、盐锅峡、八盘峡、青铜峡、三盛公、天桥、小浪底、万家寨、李家峡、大峡等水利枢纽和水电站。这些水利水电工程，在防洪、防凌、减少河道淤积、灌溉、城市及工业供水、发电等方面，都发挥了巨大的综合效益，促进了沿黄地区经济和社会的发展。

如果说黄河是我们民族的母亲河，那么我们党就是一条河流，静静的流淌在我们心里，温暖我们的生活。

（本文由辽宁省水利厅推荐，获散文类评比优秀奖，收入本书时有删改）

珠江情

——庆祝党的生日九十华诞

丁延林

（一）广阔珠江，美好岭南

华南边陲，广东腹地，南海之滨，有一条江的名字叫珠江。这里雨量充沛，河网密布，水道纵横。

西江、东江、北江，穿过千峦竞秀的青云山、罗浮山、云雾山、天露山等数十座山脉，连同三角洲诸河，蜿蜒汇集于珠江，浩浩荡荡的珠江水，怀着对岭南大地无尽的眷念和深深的依恋，不舍地汇入浩渺的南海。

广州、惠州、东莞、深圳……一座座环境优美、兼容东西方文化的现代化城市，耸立在珠水岸边。只见万楼拔地，黉宇广开，市井繁荣，人居兴发。

改革开放的广东，大潮澎湃，八面风来，万方云会，商贾纷至，给古老而秀丽的珠江流域，注入了现代信息和无限生机……

我们感谢美丽的珠江，它生生不息地滋润着南国的山川厚土，如同恢宏的彩带，拥抱着广东富饶广袤的土地，见证着岭南绚丽多姿的迷人风光。

（二）用水治水，赫赫业绩

曾几何时，珠江也曾给广东人民带来深重的灾难……

旧中国的广东，可谓十年九灾，洪涝频频，瘟疫流行；哀鸿遍野，满目疮痍。

新中国的广东，也有几次特大洪水，珠江流域均成泽国。洪水纵横千里，一片汪洋，田禾牲畜，荡然无存，十室十空，骨肉离散，为害之惨，目不忍睹。广州城内也曾平地水深丈余，陆地行舟，铁路中断，商业停顿，物价上涨，百业俱废……

伟人毛泽东高瞻远瞩地发出号召："水利是农业的命脉。"视察治黄、治淮工地和长江三峡，批示兴建荆江分洪、官厅水库和葛洲坝。以政治家的胸襟和诗人的请怀，发出了"更立西江石壁，截断巫峡云雨，高峡出平湖"的誓言。

毛泽东、周恩来、刘少奇、朱德……一代伟人亲临工地参加劳动，这是十三陵水库的无尚光荣！

广州流溪河水库陈列馆，悬挂着周恩来、刘少奇、陈云、李富春、贺龙、陶铸视察的留影，留下了朱德、陈毅、叶剑英、郭沫若题词的墨宝。中央及中南局领导纷至沓来，参观指导，游览聘怀，挥毫吟咏……

广东人民响应党中央国务院的号召，顿时岭南大地红旗飘扬，珠江南北歌声嘹亮。全民治水的场面，是何等壮观！

建党九十年，国愈花甲子，历史长河中，弹指一挥间。广东一大批枢纽工程上马：农田水利配套，水害变水利，东深供水，粤港合作的典范；北江飞来峡，防洪灌溉于一体；东江白盆珠，发电航运显效益。

全省水电工作者沐雨栉风，开凿山石，节流围堰，楫击中流，泱泱大风，气贯长虹！炎黄之胄神明种,黄泉府里缚苍龙。耗资数千亿之巨，历经数年之奋战，终于使洪水伏平。

北江飞来峡的银色大坝，恢宏、伟峨、厚重、雄浑；汹涌澎湃的东江水，铺天盖地的高压线凌空飞架，将强大的电能输往全省各地。星罗棋布的大型电排站，将内湖渍水排入外江……

广东人民用智慧与汗水，创造了人间的治水奇迹，在岭南的壮美画卷里，涂上浓墨重彩的一笔。

如果广州的繁华有一座座高楼为凭，那么岭南的治水就有一个个枢纽作证。

有一首《水调歌头》概括广东的治水成就：

昔日无情水，害国且坑民。一泄千里，珠江流域共沉沦。时代谱写乾坤，伟坝分源天汉，惊诧巫水神。截流筑枢纽，成就水电城。抗大洪，通航运，机组鸣。中控室里，设备未许染一尘，还把电网约定。塔线向来作伍，超高压运行。盛世兴水利，快慰千秋文！

（三）缅怀今惜，无尽遐思

遥想当年，我们的祖先用勤劳和智慧修筑大运河功绩，我们也会随时追寻大禹治水的足迹。李冰与都江堰的故事，这个世界上最古老的水利工程，“鱼嘴”三七分流的神奇，“飞沙堰”二八分沙之奥秘，至今是中外水利学者探寻的课题。

近看今日，孙中山的构想，毛泽东的诗篇，“高峡出平湖”已经成为现实。南水北调，惠泽民生，一大批工程的建设，基本使洪水伏平。但是，洪魔困扰，仍未摆脱。

成千上万的水利工作者们，“水患尚未根除，同志仍需努力”！我们坚信：有省委省政府的领导，有水利厅和珠委会的支持，我省水利事业会更加辉煌，岭南大地会更加美丽！

（本文由广东省水利厅推荐，获散文类评比优秀奖）

诗歌

春回都江堰

王国平　费　刚

一条浩荡奔流的岷江
一个心系民生的郡守
一座千古传颂的都江堰
成就了成都平原的辽阔和天府之国的富庶

然而，一次山崩地裂的大地震
摧毁了岷江两岸的宁静
伤痕累累的都江堰
饱尝了天灾降临在人间的苦难
也亲历了那场气壮山河的大救援带来的感动

这是一群特殊的劳动者
他们从废墟里爬起
在水声里挺立
把悲伤踩在脚下

把疼痛拴在腰间
把泪水浸入土壤
把希望托上闸门
把人间大爱铺向广袤的平原
洒进每一条汩汩流淌的清渠

九百多个日日夜夜
被无数双温暖的大手从日历上撕下
来自天南地北的援建者
和5000多名都江堰水利人
用重生的力量
将都江堰从废墟上艰难地扶起

面对劫后余生的都江堰
他们庄严要求
灾难
你必须把劫去的一切交还

把青秀还给山水
把翠绿还给大地
把花香还给果园
把鸟鸣还给树林

把蝴蝶还给春天
把稻香和蛙鸣还给夏夜
把书声还给教室
把健康还给病人

把平坦和速度还给道路
把家园还给世代生活在这里的人们

如今，在这片经历苦难和悲伤的土地上
在这片承载荣光与梦想的土地上
都江堰
新的奇迹在诞生　新的希望在生长

废墟上传来了春的声音
那是两只燕子的呢喃

三年前的春天，它们穿过斜风细雨
穿过记忆中的小桥、流水和庭院
却找不到曾经落脚的屋檐

那些能叫出名字的木梁竹椽
那些亲人般熟悉的一砖一瓦
还有已经听惯了的四川方言
都在一瞬间　化作了脚下的废墟
化作了燕子们的孤独与茫然
只有脚下奔流不尽的秦时水
还泛着波涛　一如既往地灌溉着
川西平原的牛羊　稻花和丰年

2011年的春天来得很早
但是燕子们的脚步来得更早
因为它们要赶在节气之前

要做一道复杂的选择题
它们要从麦青菜黄的川西平原
寻觅昔日主人的一角屋檐
为自己安一个家
用思乡的月光拴住袅袅的炊烟
然后和麦苗豆荚菜花一起
歌唱奔流的岷江水
歌唱新生的都江堰

（本文由四川省水利厅推荐，获诗歌类评比一等奖，收入本书时有删改）

那一片绿

孙新生

走进兴国
就能听到兴国的山歌
就能听出山歌里的那一片绿

那一片绿
是水土流失区顽强生长着的
一片片嫩嫩的新绿

那一片绿
是老阿公山歌的全部生命

“山上无土，山下无水，鸟在何处”
这是当年的兴国水土流失急切的呼告
“国之无绿，国将不国，人将何处”
这是当年中外专家振聋发聩的警告

基岩裸露的大山仰天叹息
干涸断流的山泉悲鸣哭泣
生于斯长于斯的老阿公啊
致富的梦想，破了一个又一个
盼绿的山歌，唱了一箩又一箩

老阿婆唱着那一片绿
唱满了山唱满了岭
唱出了满怀的感动和敬意

二十五年前的那一个夏季
综合治理的第一面大旗
插上了老红军的“盼绿亭”
“老头树”见证着
在没有土的山坡上栽树的壮举
“鱼鳞坑”记述着
在没有水的地方种草的奇迹
兴国人开始了又一次命运选择
在红色土地上开展绿色革命
让大山休养生息
让大地薪火相传文明永续

那一片绿啊唱响了“盼绿亭”
人们的万千感慨融进了兴国的山歌里

蓝天下的“小流域”

是一幅幅“山水田林路村”的五彩画卷
白云深处的“水平竹节沟”
托起层层稻浪瓜果飘香
“猪沼果”生态链的南国风情
宣告了“江南沙漠”悲剧的远去
“兴国水保”的壮丽
“水保兴国”的道理
已汇成山河的赞歌
时代的和音

那一片绿
兴国山歌里的那一片绿啊
绿得艰辛
绿得透亮
绿得郁郁葱葱
充满生机

（本文由江西省水利厅推荐，获诗歌类评比一等奖，收入本书时有修改）

水韵神州

巫明强

长江行意

悠然昆仑起，激越蜀楚天。
方圆一百八，蜿蜒六千三。
神女挥迷雾，黄鹤舞云翩。
楼阁秦淮饮，卧醉上海滩。

黄河情韵

玉龙贯华夏，腾跃傲长空。
吞尽高原气，吐狂东海风。
轩辕开天助，润之辟地生。
一线天来水，顺流万古情。

淮河流芳

根定中原土，枝茂沃野间。
一面支苍海，三方托大川。
盈泪读旧史，笑颜品新篇。

顺畅水流意，此处赛江南。

海河风情

才领太行韵，又挥燕山风。
诗篇方写就，豪情顿入城。
胸怀千水脉，吐放万波平。
盛夏润禾木，金秋沃野丰。

珠江溢彩

东西北[①]波汇，溢彩三角洲。
马雄[②]万古立，灵渠[③]千载流。
水连陆港澳，情系大神州。
南国顺风雨，华夏好春秋。

注：①指汇至珠江三角洲入南海的东江、西江和北江。②“马雄”即马雄山，是珠江主流西江在云贵高原的源头。③灵渠是长江与珠江分流的水利工程，为2200多年前秦代所兴建。

松辽水光

茫茫黑土地，大小岭绵长。
松嫩参天木，辽沈稻米香。
雪中多少梦，冰上万重光。
风雨从人意，天堂定北疆。

太湖盛景

龙珠尘世落，光影耀乾坤。
品味天来水，知情地上人。
文明千载史，富甲四方村。
海上邀新月，钱塘共唱春。

（本文由水利部离退休干部局推荐，获诗歌类评比一等奖）

兴水之路

陈宇京　陈祥建　李　磊

这是一条用五千年丈量的道路
兴水利、除水害，沉淀着一个民族共同的梦想
这是一首在新世纪唱响的颂歌
保民生、促发展，汇聚了亿万人民幸福的眺望

站在五千年的长河中回望
它山堰、郑国渠、都江堰、大运河
塑造了一座座闪耀着中华民族智慧光芒的丰碑
大禹、郑国、李冰、史禄
铸就了一个个浸透着中华民族刚强意志的榜样

斗转星移，沧海桑田
历史的变迁孕育了水利人的睿智与坚强
在开发水利、根治水患、造福百姓的郑重誓言下

水利人挺立起祖国母亲兴水伟业的脊梁

两鬓斑白的老科学家
怀着激动坚定的心
像战士一样，对世界宣告
黄河水，长江水
将在我们手中，变成新中国最强大的动力给养
海外求学的赤子
携满腔滚烫的热血
穿越浩渺的大海
用爱国情，报国志
在神州大地谱写水利人壮丽的诗行
一批又一批年轻的水利建设者
从祖国的四面八方
来到三门天险，来到西陵峡上
顶烈日，冒严寒
把青春献给脚下的土地
让胜利的旗帜在自己亲手筑起的大坝上高高飘扬

翻越崇山峻岭，跨过长河大江
观水文，研气象，勘地质，精测量
把五千年治水的梦啊
画成创业图纸，一张一张又一张
踏遍激流险滩，走尽风雪边疆
防暴雨，筑边坡，抗地震，修河床
一座座壮丽的大坝
叠加着无数水利人的智慧和刚强

干旱的黄土地，洪涝的渔米乡
建水窖，挖渠道，战洪水，保粮仓
一项项宏伟的水利工程
我们用五千年养育的肩膀默默扛上

多少个日日夜夜
多少个寒来暑往
多少次魂牵梦绕
多少回越挫越强
大禹的传人
在鲜红的旗帜下
为水利事业谱写出崭新的篇章

一代代水利人
把青春献给了黄河，献给了长江
头发白了，皮肤黑了，皱纹深了
却有了万顷碧波，层层梯田，滚滚麦浪
一代代水利人
把自己的名字凝聚成五千年奋斗的接力棒
高峡出平湖，神女应无恙
三峡大坝，南水北调
世纪工程让我们自豪地走在水利建设的前方

献身、求实、负责的水利行业精神
鸣奏着与时俱进、开拓创新的高亢乐章
多少次失败，从不轻言放弃
多少回磨难，依然意志如钢

我们用长江的秀美、黄河的雄壮
谱写出水利人追求卓越的雄浑交响

听，机组轰鸣唱九州
看，山河旧颜梳新妆
是我们，用智慧和汗水
托举起水利事业灿烂的朝阳

高山作证
江河作证
蓝天作证
大地作证
为了祖国的繁荣富强
为了人民的幸福安康
我们水利人
又一次执著自信地起航
无论海枯石烂
无论地老天荒
迎着太阳升起的方向
我们将续写古老大地又一个五千年的辉煌

（本文由中国水利水电科学研究院推荐，获诗歌类评比一等奖）

中国血脉　江河抒怀

吴树福　季铁梅

我从巴颜喀拉山呼啸而来
穿越浩荡天风，跃进渤海
我是黄河，我是中国的血脉

我从唐古拉雪山跌宕而来
舞动哈达的洁白，敬献东海
我是长江，我是中国的血脉

我从中原地带绵延而来
向着辽阔的蔚蓝，奔腾入海
我是淮河，我是中国的血脉

我从七彩云南、水乡江西集结而来
让西江、东江、北江相拥同行，汇入南海
我是珠江，我是中国的血脉。

我从太行山下漫步而来
横贯华北平原，流向大海
我是海河，我是中国的血脉

我从龙王山幽深的峡谷踏歌而来
翻卷轻盈的浪花，拥抱大海
我是黄浦江，我是中国的血脉

中国的血脉啊，在大禹治水的故事里
浇灌岁月，千秋不息，万古不衰
中国的血脉啊，在李冰父子的智慧里
滋养生活，造福千秋，繁荣万代

今天，我们徜徉在中国版图
又一次用风雅颂，豪放抒怀
思绪奔腾，激情澎湃
回首每一幕往事，都一样浓墨重彩

一百年前，历史的天空布满阴霾
敌人的炮火，在华夏大地泛滥成灾
家不像家，国不像国
一个巍巍民族面对黑暗却束手无奈

当共产党宣言从石库门里震动世界
南湖红船上共产党把东方的黎明悄然打开
万泉河边的人们，不再对强盗忍耐

松花江上的儿女，没有为牺牲悲哀
星星之火照亮山水燎原神州
赤水、洪湖水、大渡河水，每一滴渴望都已团结起来

冼星海的音符，和我一起战斗
青纱帐甘蔗林，将勇士的鲜血掩埋
淮海战场上起伏汹涌的人海
鱼水秧歌敲着红腰鼓挥着红绸带
百万雄狮从我身上奋勇渡过
铁锤和镰刀的交响炫动胜利的舞台

从此，滚烫的中国血脉
不再有列强的蹂躏和伤害
从此，健壮的中国血脉
和着祖国的心跳热泪盈腮

人民当家作主把山河重新安排
蓬勃的水利建设方兴未艾
清淤疏浚的身影飞驰山山岭岭
拦河筑坝的笑声萦绕村村寨寨
十三陵水库蓄满绮丽风光
红旗渠高天流云飞扬神采
一座座水力发电站马达轰鸣
一道道泄洪闸力推狂澜
小浪底工程以浩大磅礴，向世界放歌
三峡大坝以恢弘气派，任世界转载

黄河治理、淮河治理、海河治理情牵党中央
防洪排涝、整治河道、恢复灌区喜报中南海
中国水利，走出了一穷二白
中国水利，命运由自己主宰

餐风宿露的水利英才
为江河湖海修复生态
高瞻远瞩的水利规划
让水文气象全方位覆盖

生在中国，我是中国血脉
注定为珠江三角崛起荡涤尘埃
长在中国，我是中国血脉
注定为长江三角腾飞孕育梁材
梦在中国，我是中国血脉
注定为黄河三角发展流淌灌溉
心在中国，我们是中国血脉
融进民族复兴的春潮，互动和谐节拍

江河抒怀，万千感慨
点点滴滴，浩浩荡荡
都是对中国的情
都是对华夏的爱

（本文由上海市水务局推荐，获诗歌类评比一等奖，收入本书时略有改动）

特区水魂　勇立潮头

王敬东

仿佛已经十分遥远了
关于我们的历程
仿佛就在昨天
关于我们的奋进

那潮起潮落的黎明
那忽明忽暗的星辰
那呼啸南下的列车
那来自天南地北的口音

一排排整齐而简陋的工棚
一个个坚毅而果敢的眼神
青春在这片热土上闪光
特区的腾飞造就了新时代的水魂

我的风华正茂的青春伙伴啊
可曾记起那些泥泞中的脚印
每次风暴袭来的时候
我们都胼手胝足
用心灵和双手筑起一道道长城

我的风华正茂的青春伙伴啊
可曾记起那些骄阳下的汗滴
为了解除特区的干渴
我们用血汗铺就了绵长的管线
清清的东江水
一路欢歌上百里
在特区喷涌而出，化作无数狂欢的人群

我的风华正茂的青春伙伴啊
可曾记起那个激动人心的夜晚
全国第一家水务局宣告成立
水务一体化管理从此踏上了征程

三十年了，三十年的深圳
珍藏着我们的青春
三十年了，
三十年就是一次波澜壮阔的远征

这就是特区水魂
多少光荣，在他们手中铸就
多少梦想，在他们眼前成真

这就是特区水魂
可以从无到有
可以点石成金
不在乎一路的风尘
可以向所有的禁区驰骋

这就是特区水魂
不知疲倦，义无反顾
勇立潮头，与时俱进
甘当时代的排头兵
永远拥有一颗年轻的心

特区水魂，忠诚无限
特区水魂，大爱无痕
特区水魂，誓言无声
特区水魂，风雨兼程

请历史为他们作证
请祖国记住他们
请世界，这样理解我们
让我们，这样理解特区水魂

（本文由深圳市水务局推荐，获诗歌类评比二等奖，收入本书时有删节）

春天的舞者

杨成功

当屋外的风叫作春风的时候
你们——水利战线上的野外工作者
背负起简单的行囊
走向布谷催春的田野
把宽厚的背影留给亲人和同事
渐行渐远

你们的脚步
踏实铿锵
在祖国的大地上
作出了最原始的测量
一把把地质锤
锤炼出你们岩石般坚毅的品格
每一次认真的击打

都敲出希望的火花

你们钻林海踏寒冰
跋山涉水从不言苦累
你们攀险峰渡深涧
经年累月无怨无悔
那山谷里的号子声
是《勘探队之歌》最好的和声
像疾风穿越了时空
像细雨一样润泽了大地
像经典一样诠释了永恒

天当被地当床
抓一把积雪来解渴
捡一根小树枝当饭筷
你们深知肩头的重任
水利的蓝图你们来描画

你们的滴滴汗水
早已汇聚成条条江河
你们是快乐而简单的燕子
呕心衔泥筑成了大坝座座

水利勘探地质测绘
你们是排头兵、探路者
除险加固灾害治理
你们是坚强不屈的基石、先行者

整齐划一的农田灌区
是你们布防在老百姓心中最为坚实的方阵
兴修水利造福于民
是你们牢记在自己心中永不变更的信仰

你们是且行且歌的舞者
在祖国的土地上热舞
你们以独特的语言来召唤
呼之欲出的
是水利的春天

春草萌生的季节
风生水起
你们
——水利战线上的野外工作者
口衔了一枚枚希望而来

(本文由吉林省水利厅推荐，获诗歌类评比二等奖，收入本书时有删改)

大风起兮　巨龙腾飞

魏一萍

大风起兮　波涛激荡

奔腾咆哮的江河之水
沿着五千年的传说
在李白浪漫的想象中
奔涌而来　横无际涯
荡涤着家园古老的文明

古代汉子大禹
从线装书中走出来
铿锵的身影
踩响撼人心魄的足音
身披蓑衣　手执斧头
三过家门而不入
采炼女娲补天时的五色土

修筑溃于蝼蚁之穴的千里之堤

蜀地太守李冰
携子走向都江堰
风雨飘摇中
挥洒着智慧与激情
鱼嘴飞砂堰和宝瓶口
经受住了时间的考验
屹立成历史壮丽的风景

1951年的春天
伟人挥动那气壮山河的巨手
叱住肆虐的洪水
一定要把淮河治理好
惊雷之声
要缚住苍龙
运筹帷幄的五年计划
滋养了万千肥沃良田
孕育着中华崛起的希望

继往开来的领路人
凝望着这片自强不息的热土
思考着庄严的主题
功在当代　利在千秋
仿佛高超的指挥家
优雅地把散乱的洪荒之水
沧桑和苦痛的记忆

指挥成美丽雄浑的水电交响诗

新时代的炎黄骄子
站在世纪高度之巅
以放眼世界的魄力
营造着和谐的水利之光
长江三峡　黄河小浪底
湖南江垭　广东飞来峡
更有西藏满拉、新疆乌鲁瓦提
……
这些雄伟的水利枢纽工程
在共和国的版图上
如珍珠熠熠
辉耀着民族的豪情与光芒

九百六十万平方公里的土地上
经过设计与描绘的江河之水
是华夏大地涌动的热血
情思洋溢　日夕奔腾
激荡起理想与现实的颂歌

大风起兮　巨龙腾飞

(本文由广东省水利厅推荐，获诗歌类评比二等奖，收入本书时有删改)

西江有你

罗　挺

悠悠江水，涌入梦乡。
风生百越，水起云贵。
春鳊秋鲤，裹粽飘香。
稻浪滚滚，鱼米之乡。
鼎湖幽胜，星岩烟雨。
惠能顿悟，天祥丹心。
窈窕渔女，健硕渔郎。
山川风物，异彩呈祥。
西江有你，源远流长！

滔滔江水，日夜吟唱。
斑驳长堤，相守相望。
千古灵渠，历久弥香。
桑基鱼塘，农水榜样。

商帆如云，富甲一方。
西学东渐，北调南腔。
百日维新，辛亥革命。
紫荆莲花，再绽光芒。
西江有你，见证沧桑！

泱泱江水，喜怒无常。
昔日形胜，满目疮痍。
洪涝肆虐，咸潮猖狂。
流离失所，岁月如殇。
系统整治，初露曙光。
口门疏浚，网河清障。
海堤达标，汊口控导。
固若金汤，行洪通畅。
西江有你，济世安邦！

滚滚江水，承载辉煌。
浪行千载，潮起当代。
流域管理，新谱华章。
忠诚为民，科学务实。
生命之源，生态之基。
东方风来，春意荡漾。
黄金水道，溢彩流光。
锦帆已挂，蓬莱在望。
西江有你，福满西江！

（本文由广东省水利厅推荐，获诗歌类评比二等奖）

水利赞歌

——庆祝建党九十周年

李怡文

草尖朝露，锁不住璀璨晨曦，
如同颗颗鎏金的明珠，闪烁在黛青沙堤。
远处桥闸，婆娑于朦胧雾气，
那鸢尾和芦草不远处，水尺顽皮正隐匿。
水畔兰草，一缕缕幽香浓郁，
愉悦中轻轻提笔展纸，严谨载下准数据。
手中小瓶，啜饮着澹澹清溪，
妥封存以待各项检测，万民健康此全系。
想忆往昔，滚滚乌霭压大堤，
难挫我水文人志坚毅，霜风冷雨浑不惧。
协调有序，四随制度恒牢记，
匆匆身影汇录众数据，只为排险鸣警笛。
水文儿女，历炼出伟傲身躯，
务实重干艰苦享平凡，唯愿国盛民安居。

俯瞰水流，涌动起无尽思绪，
沿历史之河溯流而上，记忆穿梭瞬万里。

上古东方，黑龙肆虐百江溺，
女娲斩妖孽而平水患，积土截流将祸息。
时至尧舜，黄河汹涌波涛急，
走兽飞禽与人俱泯灭，哀鸣悲号入河泥。
受任危难，承父遗命有夏禹，
弃堰堵而事疏浚之法，洪流渐分人安居。
更开先河，量山测川新创举，
绘成河图惠及千万世，无愧水文之先驱。
战国时秦，蜀守李冰通水利，
携子率众建堰湔山边，千年恩泽功劳巨。

古时以来，巧匠中华多云集，
水利工程明珠相继出，璀璨遍及华夏地。
今朝日月，百般辉煌俱往矣，
九十年之星火燎满原，炎黄又闻新气息。
科学发展，全面协调可持续，
水利事业繁荣促和谐，党和人民同激励。
荆江分洪，建国水利最先驱，
三十万军民七十五天，筑成泄洪抗汛堤。
秀美丹江，豫鄂陕边新湿地，
淅川锦缎之上缀明珠，和谐相依犹一体。
三门峡站，镰锤麾下民心齐，
众志筑起水利大枢纽，河南一线连山西。
天河人工，凿洞掘山六百里，

漳水依傍太行渡林州，党渠济民名红旗。
河洛孟津，十年筑起小浪底，
防洪防凌供水又发电，调水调沙能减淤。
水利大业，百年设想终定局，
三峡水电工程何宏伟，敢于世界称第一。
伟岸巨坝，抗汛分洪不遗力，
水力发电节能又环保，科学发展高效益。
震古烁今，慧勇中华众儿女，
为御长江黄河遂民愿，敢将双龙置鞍羁。
南水北调，高瞻远瞩毛主席，
恢弘蓝图谋福为人民，尽显中华之大气。
磅礴规划，四横三纵跨流域，
同气连根全面相协调，发展南北趋同一。
浩瀚工程，惠及百姓十数亿，
中共鞠躬尽瘁为民生，利国利民千秋益。

党旗飘扬，九十年来斩荆棘，
引导华夏万民觅幸福，百姓心中深屹立。
建国伟业，一甲子间遮风雨，
不惜呕心沥血化甘露，润泽炎黄永不息。
沧海桑田，芳华明珠满大地，
社会主义建设正蓬勃，国民繁荣新生息。
科学指导，发展立足于实际，
我党全心全意为民生，看重水利高效益。
全面协调，水力资源可持续，
中央一号文件再明确，水利发展新契机。
解放思想，勇于开拓创新局，

步步为营再登更高层，繁荣水利促经济。
任重道远，水文勇担先锋急，
科学监测预报双加强，立志做出大业绩。
团结同心，水利精英今齐聚，
不负党的希望和重托，为国为民谋利益！

(本文由河南省水利厅推荐，获诗歌类评比二等奖)

沁心之源

张丽麟

展开这张地图
轻轻抚摸它的每一个角落
在这里，
我的手停住了
这一片小湖
是我的家乡

冰透肌肤的水啊，丹江水
你浸没了我的双手
在我掬起一捧的同时
像时光般从指缝间溜走
我久久地凝视着你
你默默无语
你那平静安详的脸庞清晰地映出了

映出了我那双期盼、恋恋不舍的眼睛

你静静地流过我身旁
微风掠起的细浪拍打着我的双脚
我懂得你的心思
我知道
此时无声胜有声

若干年后
你将带着我们的嘱咐
翻山越岭
汩汩流入祖国的心脏——北京
从此，你将身负重任
一手爱抚着这边儿女的发丝
一手养育另一方渴望你的人民

你放心地去吧
不要带着任何牵挂
你养育的儿女都已健康地长大了
我们有着一颗像你一样
　纯洁、无私的心灵
也有着像你一样
　宽大的胸怀和远大的志向
我们会在你的期待下
奋力拼搏在祖国的各个角落
为祖国献出各自的光彩

再见了，家乡水
未来的某一天
当你的儿女站在各行各业的颁奖台上
你会因我们而骄傲
当南水北调工程在落幕的刹那
我们将为你感到自豪

工程的号角早已吹响
伟岸的身躯日益加高
我们在拭目以待
等待着
等待着那一天的到来

(本文由长江水利委员会推荐，获诗歌类评比二等奖)

以青春的名义诠释

白芸蔓

序 言

太行巍巍，汾水泱泱，
无数次沉浸在山水的怀抱，
多想一辈子就在这里。

愿望就这样实现了，
去年的今天，我光荣地成为一名水利人，
年轻的我，渴望把三晋大地的四季，
感触、聆听、品尝……

第一章 以青春的名义，向往着

又一次，我把自己带到旷野，
目睹大地的苍凉，
远处，山峦起伏，

渐渐涌上来的柔情，
在母亲的身后粲然开放……

又一次，我猝不及防地来到春天，
远处雄伟的崛围山，
仿佛和水库融为一体，
是这多情的汾河水，
送我一路扬帆远航。

使命，是使命！
怎么就使我身上的翅膀变得轻盈。
呐喊，是呐喊！
以博大兼容，不显山露水的夸耀，
让思想迸发绚丽的火光。

第二章 以青春的名义，奉献着

是期待……
期待心灵的礼花映红夜空，
是憧憬……
憧憬指挥的呐喊激荡大坝，
是嘱咐……
嘱咐春浇的细水流遍大地，
是回忆……
回忆岁月的清流滋润心田。

热爱着，所以用心浇灌着，
信仰着，所以用情耕耘着。

我愿意接受命运的全部波折，
假使我的命运足够曲折，
历史就会拴在我的身上，
而我，愿成为一座坚固的大坝。
投进心里的每一缕阳光，
都会如期成长为一块磐石，
——你曾经怎样信仰，
就将怎样执着奉献。

第三章　以青春的名义，热爱着

柔情的汾河水多么清澈，她来自山的血脉，
泉水在渗透岩层之后变成活水，
又从大坝流往农田，步步成诗，
就像我爱上你之后，喜悦溢满身体的感觉。

我是爱你的，请你不要怀疑，
扛着沉重的行李，
千里迢迢，找到了你。

我爱你，请你相信，
在这辽阔的土地上，
我是一只怀揣希望的小萤火虫，
对命运感激涕零，
泪水汇流成河。

我是爱你的，难道您还感觉不到吗？

隔着最长的河和最雄伟的山，
以青春的名义，深深地爱你……

无怨无悔是我们的资本，
承前启后是我们的责任。
步步为赢是我们的信念，
无悔吾心是我们的承诺。

天空将在我们的仰望中慢慢变蓝，
蓝得那么地深邃，
日月辉映，群星闪烁。

结 语

让我们以青春的名义，
向往着、奉献着、热爱着……
用沸腾的灵魂燃烧不灭的激情，
用汗水将兴水战略铸就心中永恒的不朽，
用热血将山西水利镌刻进历史的内涵，
让我们站在时代的浪尖，
高唱、高唱、高唱……
中国共产党九十年奋进的凯歌！

（本文由山西省水利厅推荐，获诗歌类评比二等奖）

九十载花开时节

蒋　令

秦淮两岸花开盛，浩淼如烟雾似尘。
卧榻初闻香阵阵，竹窗又落雨声声。
朝阳不惧春风冷，暮日荣登紫禁城。
大业千秋谁主政，公心自有百姓衡。
九十载建党之路，二万五长征英魂。
望九州方圆大地，悼华夏先贤忠诚。
看今日中华辉煌，忆过往革命力撑。
古来豪杰皆寂寞，只因未饮盛世羹。
文景武帝皆浮世，未央宫旁柳不嫩。
天宝贞观非治世，桃李哪觅这般春。
哭秦代征伐繁重，叹汉唐未见腥荤。
悔宋朝诸多冗吏，哀明清腐败无能。
太平盛世看今日，庆幸朝夕梦成真。
晚霞余晖沉碧海，华灯初上听涛声。
苍茫往昔空余恨，似锦今晨获新生。

未见农田渠中水，干涸大地何以耕。
身担百姓解渴任，无水羞于见众人。
壮烈人生皆暗淡，一腔热血锁乾坤。
黔江过去皆沉默，贵水如今已独尊。
北盘江扶摇大鹏，南盘江万里游鲲。
梦里醉卧蒙江岸，痛饮剑河水奔腾。
鲁布革冲击犹在，洪家渡依旧铿铿。
卢家洞锦江清澈，构皮滩防洪护森。
索风营盘龙再现，乌江渡独领浮沉。
回首水利千年史，展望明朝又一春。
拭去往昔辉煌泪，黔中建设踏征程。
余辉落日观霞彩，冷月虽寒心尚温。
辗转无眠看星宿，夜半暖风占古城。
九十春花开斗艳，五十六奇葩争芬。
梦醒时分香扑面，苍穹星散旭东升。

（本文由贵州省水利厅推荐，获诗歌类评比二等奖）

在您的旗帜下

王 玲

九十年前，您从南湖的游船启航
高擎镰刀斧头的旗帜
汇成惊天的潮流
涤净了中华民族无尽的屈辱
成就了神州大地伟大的复兴
长城内外，燕山脚下
条条江河为您闪光
朵朵浪花为您欢唱

党啊，您是中华民族的脊梁
时刻承担着先锋的重责
滔滔江河作证：是您
洗净了卢沟桥往日的辛酸
荡尽了圆明园历史的苦涩
在您的旗帜下

拒马河岸“北京人”的炊烟星火燎原
金水桥边“仪仗队”的威严世界瞩目
古老的北京从来没有像今天如此壮观

党啊，您是先进生产力的代表
始终闪耀着智慧的光芒
座座桥梁铭记：您是
兴水利民的建筑师
人水和谐的开拓者
在您的旗帜下
三道防线、清洁流域染绿了京畿大地
南水北调、跨世工程震撼了长城内外
古老的北京从来没有像今天如此灿烂

党啊，您是先进文化的代表
尽情抒写着文明的史诗
清清泉水吟唱：是您
弘扬了华夏儿女的优秀品格
独领了文明古国的文略风骚
在您的旗帜下
我们追忆大禹的神韵把脉江河
我们踏着郭守敬的足迹整治水系
古老的北京从来没有像今天如此精彩

党啊，您是群众利益的代表
永远彰显着为民的品格
朵朵浪花诉说：是您

抗洪一线，不辱使命冲锋在前
连年干旱，不负众望筹谋在先
在您的旗帜下
一条条渠道，流淌着丰收的希望
一眼眼水井，奏响着以人为本的乐章
古老的北京从来没有像今天如此安康

党啊，您是科学发展的引路人
不断描绘着时代的画卷
滴滴水珠记载：您使
永定河的洪流变翠湖
北运河的景色赛江南
在您的旗帜下
百年奥运，盛世北京风展国人的荣耀
中国特色，世界城市载负远航的期望
古老的北京从来没有像今天如此强大

“十二五”的今天
您作出了加快水利改革的决定
让我们乘一号文件的春风
用“献身、负责、求实”的赤胆忠诚
为鲜红的党旗增添绚丽的风采
用“汗水、智慧、梦想”的满腔热情
为古老的北京增添新的活力

（本文由北京市水务局推荐，获诗歌类评比二等奖）

平凡蕴伟大 无私铸忠诚

——杨善洲事迹有感

唐 京 于子毅

什么是“伟大”
怎样才能超越“平凡”
每个人都有自己的答案

有人把“轰轰烈烈”当作“伟大”的起点
有人把地位和金钱看做“成功”的标签
更多的人感叹人生苦短太过平凡
然而，一位耄耋老人
却以他朴实无华的人生
以一片绿荫诠释了“伟大”的内涵

你是否记得
2010年肆虐在西南的那场百年不遇的特大干旱
禾苗枯死、土地龟裂

河床裸露、水塘干涸
人畜饮水异常艰难
你可曾想到
在偏远的云南施甸县的一个地方
百姓家里却依然流淌着清凉的甘泉
这个地方叫做大亮山
水源来自大亮山上的林场
虽然较之以往细小了不少
却足以保证百姓喝茶、煮饭……

水，在久旱的土地无异珍珠
水，在皲裂的唇边千金难换
是谁在曾经荒芜的山岗上播下绿色的种子
是谁在曾经裸露的石缝里涵养出功德无量的水源
郁郁葱葱的大亮山不会忘记
润泽心田的百姓永远怀念
杨善洲，一位名副其实的共产党员

他曾经是保山地委书记
是受人尊敬的“高官”
他退休后也曾被组织安排
可以在昆明颐养天年
但，为了兑现给家乡百姓的承诺
他选择了回到贫瘠荒芜连饮水都困难的大亮山
穿起草鞋，戴上草帽
用双脚丈量二百六十个大小山头的每一寸山崖
捡来果核，带领乡亲

用双手栽种出枝繁叶茂的山林、繁花如海的果园
以退休后二十二个无悔春秋
造就了大亮山
满目青翠、遍地山珍、莺歌燕舞、流水潺潺

有人说他穷
衣着简陋，一生没有任何积蓄
然而，他却在身后留下了价值三亿的苍绿
百年干旱时仍能流淌的甘泉

有人说他傻
本可享受安逸闲适的晚年却自讨苦吃
这正是他的执着
党员的身份永不退休
共产党员就要无私奉献

有人说他不像“官”
无论在哪个岗位、什么级别
他都像个普普通通的老农
风里来雨里去，一身土一身泥
甚至被人错认为不是“官”
这就是他的坚守
淡泊名利，安贫乐道，草帽挨乌纱
“不在机关里做盆景，要到人民群众中当雪松”

有人说他对家人太无情
临终前，只给家里留下漏雨的房子

躺病榻上，他回首一生，无怨无悔
却因对妻儿的深深愧疚而老泪纵横
他说“滥用职权最容易伤到老百姓的心”
“家国难兼顾，忠孝难两全”

这就是一名共产党员的“平凡”
一辈子没为自己考虑，却因无私而璀璨
一辈子没为自家谋利，却留下无法用金钱衡量的遗产
一辈子自讨苦吃，却活出了一个共产党人大写的人生
以将山枯水竭的大亮山
　变为生命绿洲和流淌在百姓心头的甘甜
诠释出人生的“伟大”，党旗的鲜艳

（本文由水利部发展研究中心推荐，获诗歌类评比三等奖）

大凌河，我的母亲

李云岚

在世界上第一只鸟飞起的地方
在世界上第一朵花绽开的地方
有生我养我的母亲——大凌河

波涛滚滚
闪动着牛河梁红山女神绵绵悠久的文明曙光
波光粼粼
传颂着玉龙飞履、气贯长虹的千古绝唱

大凌河，我的母亲
我静听你低低细语的三燕古韵
我领略你娓娓诱人的龙城丰采
我依恋你温暖厚重的博大胸怀

你曾经衣衫褴褛
你曾经饱受灾难
水土流失
赤地千里
时代赋予了你最疼爱的儿女
——朝阳水利人一份重任
为母亲旧貌换新颜
让母亲高歌阔步、重展青春

三十余载
儿女们跋山涉水，洒汗耕耘
千军万马，尽显创业者本色
千锤万凿，铸就水利人精神
“求真、务实、献身”
用不变的忠诚和信念
为母亲织就了锦衣裹身

看那坡坡岭岭，工程鳞次栉比
看那漫山遍野，树木郁郁葱葱
朝阳城区段整治工程
是你引以自豪的美丽前襟
一处处怡情别致的休闲景区
是你向儿女们展开的博大胸怀

火热的夏日
热烈的母爱在流淌
红霞满天的芍药

是你爱抚儿女的歌谣
游船上的张张笑脸
是沉醉在你温柔的花苞

这一切都在赞叹
水利水土保持工作者
是出色的山水画家
描绘出生态文明蓬勃发展的动情诗篇
这一切都在赞美
大凌河流域水利水土保持工程
是颗颗熠熠生辉的璀璨明珠
是镶嵌在母亲头上的金色桂冠

冰冻三尺、白雪皑皑
你依然拥抱着满腔热忱
在静卧安澜中孕育着成熟和希望
以不屈的灵魂播撒奋斗者的豪迈

大凌河，我的母亲
冰雪掩盖不住你的风流
新的畅想已在萌动
春风徐徐——山乡城镇的绿树鲜花
是你血液的奔涌
秋阳灿灿——田间阡陌的阵阵欢笑
是你快乐的波澜

羊羔跪乳，我们已享受太多

该怎样报答你的深恩
水利儿女们又为你勾画出宏伟蓝图
摩拳擦掌，摩肩接踵
踏遍青山，涉过绿水
奋战三年，再造朝阳
一个生态朝阳、和谐朝阳
正如一轮朝阳喷薄而出

（本文由辽宁省水利厅推荐，获诗歌类评比三等奖，收入本书时有删改）

爱伊河，一条通向春天的河流

王正良

爱伊河，你从塞上流过
你是那样的自信
你是那样的坦然
倾听你，细语喃喃
凝视你，深情款款
你泛着熠熠金波
孕育着点点湖泊
滋润着千顷良田

爱伊河，你是一条与时俱进的河流
你承载着宁夏水利人科学发展的理念
你遏制了肆虐的风沙，擦亮凤城蒙尘的笑靥
你改造了盐碱荒滩，回馈人民水乡的笑颜
你畅通了水之经络，奏响宁夏节水的交响曲

你营造了生态景观，唱响人水和谐的主旋律

爱伊河，你是一条通向春天的河流
你展开了宁夏大地想象的翅膀
你抒写了宁夏大地诗意的华章
湖在城中，现画中仙境
城在湖中，呈仙境画中
你扮靓的岂止银川一城
你流过的每一寸土地
城市因你无限风光
村庄因你春意昂扬

爱伊河，你是一条勤劳与智慧的河流
浪花朵朵，拍打出时代的节奏
波光粼粼，映照着宁夏的风采
你是宁夏水利人精神的写照
你是宁夏跨越式发展的典范

五月里，草长莺飞，谷香丰年
爱伊河，风清云淡，放飞梦想

(本文由宁夏回族自治区水利厅推荐，获诗歌类评比三等奖)

对话河流

徐良伟

(一)

我，一块坚硬的石头
天生丽质，一朵花的形状
老家北岸不得不为我起一个幸福的名字
爷爷的扁担一头挑起我的沉重
另一头却挑起了我无边的梦想

小时候，奶奶的那片田野杂草从生
有一天，我眼瞳里的第一滴水从天而降
然后悄无声息，奶奶最后哭了
我不得不留在荒芜的家园与龟裂的土地

父亲说我是荒野里的牡丹，找不到水
你在哪里

为什么总是闪现在我凌晨的夜色里
我是大山深处的黑马王子
沉默无语，头顶有一群沙哑的鸟飞过
让我陷入了绝望
向往秋天，向往你的内心与爱
向往城堡与绵延的墙
向往你，从我守望的古老村落旁流淌
你是我一生中最亢奋的颂扬

我行走在旷古的大地上与石匠对唱
他们一个个精巧的手指将我点扮成
粗旷豪迈的新郎
唢呐声中，我看见新娘幸福的泪光
但是我啊
怎么也看不见被你清晰了的天空
你何时从我温柔的梦乡中苏醒

（二）

在无尽的等待与绵绵的思念里
我，一个飞快的坚硬石头
干涸故乡的游子，从子夜的一端出发、辗转
进行了一次坎坷的航程
来到南方另一个城市的边缘
与破旧的理想与爱混杂在初升的日光
与绵延的城墙一道厮守着暗淡的灯火

不再有一种液体

比你在我的心中铺开的位置还大
不再有一种容器
比你在我的胸口注入如此的温暖
你日夜在我的梦想之海流溢、翻腾

谁能让一个温柔的女子夜不能寐
是你，润物无声的情感和我血性的缭绕
过去的已经过去，天已破晓
我带着祖先的微笑屹立
像一个指路的巨人，坚定而且爽朗
我该如何遇见你，并且为你欣慰、抚掌

（三）

有一天，我回到了故乡的中心
身无分文，被一条墙体高高托举
没有你，我不会站立。眺望你，幸福的女子
老家北岸，被你这个蓝色的精灵
和黛绿色山色所覆盖

目光所及，碧绿田野里的农民像一首老歌
悠悠的唤起我童年的梦想
我和流着细碎汗水的姐姐
用一个个简单的竹篮剥开了你的沉默
用沉重的担子挑起村头红圆圆的日出
我们用乡下最简约的语言讲述你幸福细节

感激你，感激途径我生命的第一声清脆的响动

感激自然，感激你丰富了大山颜色，成熟了百姓庄稼
激活了工厂车间，焕发了城市活力
感激你流经了我的怀抱，滋养了我的情感

你浇灌了南国和北疆的沃土，从天山逶迤而来
润绿西部蜀道，在东海飘洒
于五指山麓流入了我的梦境
大地深处
假如没有你潜藏在妙龄女子的琴音深处
我们怎么听也听不出世界最动人的歌吟

在你面前，我坚硬的外表掩饰不了脆弱
向你致敬，你温柔品质滴穿了我的坚强
上善若水，水利万物而无争
含情脉脉的女子
我和你，儿子，太阳，风，草木和土地
成为母亲的美丽饰物，锦绣祖国的昂然春意！

（本文由海南省水务厅推荐，获诗歌类评比三等奖）

盛世安澜

李　良

日月经天，江河纬地
多少载涛滚云飞
在水一方，逐水而居
一汪滋养人类文明的乳汁
在时间的长河中飞溅丰收的喜悦
也留下噩梦般的悲戚

于是，对水的情感
赞颂的诗句相伴诅咒的泪滴
于是，人类的历史
相伴与洪水抗争的历史
于是，伫立大河岸边的我们
总会想起大禹三过家门而不入的伟岸雄姿
想起召父杜母为民请命的辛苦奔劳

想起李冰父子远眺洪水的殚精竭虑
……

瞩望中原，这方黄河之水浸润的文明摇篮
黄河、长江、淮河、海河四大水系在这里蛛网般交织
麦浪翻滚、稻菽飘香的美景中
也曾有流民图的苦难、黄泛区的记忆
翻阅这片土地的历史
人们常常会发现这样的规律
凡是水利衰的岁月
正是中华民族遭受磨难的时候
凡是水利兴的时代
正是中华民族发展的鼎盛时期

而今天，当我们站在盛世和谐的春风里
当我们再一次用心解读在几千个方块字中
人们组合出的一个寄托世代梦想的词汇——水利
她不仅印证了历史规律的精辟
更让我们深深理解了“水利”的含义

带着几千年对水的渴望，
我们在层峦叠嶂中开凿出“人工天河”
带着几千年与黄河较量的智慧
我们在广袤的田野上修建起人民渠、幸福渠
在春潮涌动的流金岁月
河南水利人用心血把盛世安澜的美景描绘
2357座已建成的水库

让肆虐的洪水变成甜美的甘泉
16000多公里长的河道堤防
让汹涌的波涛听从我们的指挥
10处蓄、滞洪区
把多少希望的浪花积蓄
115.4万眼配套机井
滋润着全省7559万亩有效灌溉面积
累计投入253亿元水利基本建设资金
解决1725万人的饮水困难
使全省水利工程年供水能力达到156亿立方米……

这，就是中原大地的水利工程体系
这，就是新中国河南水利人造福乡亲父老的大手笔

当我们的思绪从历史的云烟中走来
我们更清晰近两年河南水利的足迹
我们聚焦于重大考验前的六场硬仗
我们激动于场场皆胜、捷报频传的欣喜

我们曾经多次品读这组数字
这组数字诠释着中原父老欣慰的笑意
21座大中型病险水库得以除险加固
解决了160万人的饮水安全问题
新增改善有效灌溉面积111万亩
新增节水灌溉面积18万亩
治理水土流失面积168平方公里……

如果说全球金融风暴是一场无形的洪水
那么，连续两年的旱灾就是眼前焦渴的现实
面对5500多万亩受旱的小麦
全省水利人上下同心
与时间赛跑，与旱魔角力
数百个工程队深入农村，紧张施工
66天高奏凯歌一曲

当农民兄弟清点着夏粮的丰收
当中原粮仓沉醉于再创历史新高的欣喜
未雨绸缪的水利人衣不卸甲、马不解鞍
又紧急投入了全省防洪除涝的重大战役……

欢乐的歌声不仅来自丰收的田野
面对河南境内16.2万南水北调工程的移民群众
按照“四年任务，两年完成”的要求
河南水利人加压奋进，只争朝夕
一项项宣传培训工作有条不紊
一桩桩征迁重点工作精心实施
一个个移民优惠政策相继出台
一件件移民安置点设施统筹考虑
确保了1.06万试点移民如期入住新村
为后续的移民安置打下了扎实的根基

一条条接踵而至的喜报
相伴河南经济的腾飞
一个个意义重大的战果

相伴安居乐业的欢喜
一系列令人瞩目的成就
描绘和谐中原的华章
一行行踏实前行的脚步
奏响盛世安澜的旋律
盛世安澜，这是河南水利人献给党九十华诞的厚礼
盛世安澜，这是河南水利人献给世代的最美丽的景致

（本文由河南省水利厅推荐，获诗歌类评比三等奖，收入本书时有删改）

航　船

陈言远

祖国，民族的航船，
您承载着几千年无尽的辉煌
也曾和着列强铁蹄的践踏之声
在历史长河的交叉路口，悲伤、彷徨
是阿芙乐尔号的炮响
引领民族的航船从上海法租界
开往梦中的嘉兴湖，开往巍巍井冈
开往金沙江、大渡河
开往西柏坡和金水河
风帆张扬着豪情奔放
航船的舵手在风雨中始终屹立
那就是我们的党

90年前的星星之火
满腔挚诚的共产党人

在历史的困难中，始终引领着我们
度过漫漫长夜，熬过冷冷寒冬
无数次的面临险境
又无数次的绝处逢生
在三大战役胜利的枪炮声中
我们点燃了庆祝的焰火

解放！民族解放
民族的航船也驶进了全新的航段
拼搏建设的激动
在整个华夏大地翻腾
静静地流淌在富饶平原的绿色珠江也风起云涌
滔滔不绝地向世界展示珠江建设的辉煌

曾记得，第一部珠江流域的综合规划
绘就了南国水利发展的美好景象
从洲头嘴到鸡啼门，从珠海到澳门
实现水土保持供水保障资源共享

曾记得，成立流域性防汛抗旱总指挥部
抵御洪水飓风和大旱的肆虐与猖狂
问苍茫大地悠悠万古，可见过
灾后人民生活如常脸上都是灿烂的阳光

沿着历史长河泛舷珠江阅览
每一座水库都是一幅迷人的油彩
每一个灌区都是一抹动人的明亮

每一处调水工程都是一代欣慰的丰收
每一座水电站都是一部歌颂党和祖国的合唱

祖国，民族的航船
千百年的航行承载着无尽的辉煌
珠江水利人追随着您的脚步
让每个梦境都包含着甜蜜

在梦里
火焰山用它热情奔放的红色，涂抹天空，涂抹生活
为歌舞之乡平添一份拼搏的激情
天山天池静静地侧卧于群山，轻启妙目，含情脉脉
微笑着向世界展示瓜果之乡的清澈晶莹

在梦里
五山环抱的五台山，层层叠叠，错落参差
犹如父亲强而有力的双臂，保护倍至
咆哮着的黄河从壶口泄落，如悬似挂，平静而汹涌
涛声轰鸣好像父亲的教诲，激荡心中

在梦里
苍岩山轻轻摆动松林石海，来回摩挲，不愿离去
仿佛母亲那轻抚睡梦中孩子的温柔的手
北戴河缓缓流梭于巍巍青山，婀娜优美，青碧秀色
如同母亲随着微风轻舞飞扬的青丝

在梦里

山体如刀刃般深刻的贡嘎山，厚重挺拔，身披雪铠
像极了满脸皱纹仍神采奕奕的爷爷
点缀着粼粼波光的九寨沟，不见纤尘，纯净而自然
恰似年幼时身穿五彩大褂的奶奶

祖国，民族的航船，党九十年引领您乘风破浪
驶入千里珠江万里南疆
承载着可持续发展的崭新使命与民族的新希望
还有，还有珠江水利儿女对您的赞美和祝福
驶向民族复兴的更前方

(本文由珠江水利委员会推荐，获诗歌类评比三等奖)

黄河，我对你说

晋　芳

我是你记忆中的土牛坝垛
日日夜夜我们相伴走过
我是你臂膀上的那双垫肩
用青春和热血抗击了灾祸
我是你发髻间的那朵格桑花呀
千言万语想给你说
啊，我的母亲河
——你用甘甜的乳汁哺育了中华儿女
你用鲜明的个性滋养了民族特色
读着你，我走进了人生的长河……

你源头青春萌动的溪流啊
流进了我沸腾的心窝
炎黄二帝、大禹治水……
唐宗宋祖，五代十国……

你记载着五千年的沧桑
追寻着伟大民族的脉搏
你孕育了河套平原
亲吻着晋陕峡谷
泻情于壶口把精神寄托
你干瘪的麦穗，荒凉的山脊
你在企盼，你在探索……

曙光向你走来
人民把你掌握
盐碱滩涂红柳绽放
千沟万壑绿荫蓬勃
豆腐腰上搏击洪流
入海口处阳光洒脱
你端庄淡雅改变了浑黄的容颜
你昂头挺胸彰显了粗犷的性格
你伟岸无比、容纳百川
舒展长篇巨作
啊，我的母亲河

我是你万里行走的一捧流沙
我是你怀中的浪花一朵
我是新开出的标准化堤防
为了你健康的生命
多少卫士满怀豪情又从这里奔波
把好测流的探杆吧
握紧抢险的绳索

夯实管涌和漏洞
锤炼你健康的体魄
伸出你的双手
来吧！让我们紧紧相握

(本文由黄河水利委员会推荐，获诗歌类评比三等奖)

天山之水赞歌

龚和法

水啊，万物的源泉
我把水比作生命
没有水就没有生机盎然
没有水就没有生命的延续

水啊，大地的摇蓝
我把水比作涅盘
没有水就没有沧海桑田
没有水就没有人间炊烟

水啊，农业的命脉
我把水比作圣泉
没有水就没有万家炊烟
没有水就没有六畜兴旺

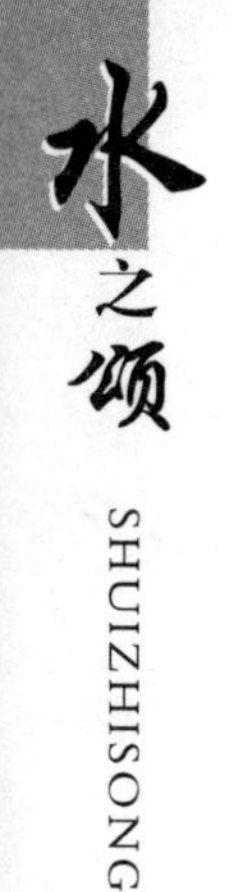

水啊，城市的彩虹
我把水比作福音
没有水就没有五谷丰登
没有水就没有笑逐颜开

水啊，草原的给养
我把水比作甘霖
没有水就没有人欢马叫
没有水就没有绿色的草原

水啊，森林的乳汁
我把水比作血管
没有水就没有枝繁叶茂
没有水就没有绿洲梯田

水啊，春天的种子
我把水比作希望
没有水就没有花香鸟语
没有水就没有希望的期盼

水啊，夏天的芬芳
我把水比作幸福
没有水就没有瓜果飘香
没有水就没有五谷香甜

水啊，秋天的果实
我把水比作丰收

没有水就没有麦浪棉海
没有水就没有丰收的画卷

水啊，新疆支撑
水利兴则新疆兴
没有水就没有跨越式发展
没有水就没有长治久安

党啊，光荣的党
我把党来比母亲
没有党就没有和谐家园
没有中国共产党
就没有炎黄子孙的幸福生活

党啊，伟大的党
我把党比作中华民族的母亲
没有党就没有兄弟姐妹的水乳交融
没有中国共产党
就没有天山儿女的繁荣昌盛

(本文由新疆维吾尔族自治区水利厅推荐，获诗歌类评比三等奖)

“黄嫂”颂

李 峰

她迈着婀娜的步子
走进了黄河职工的老家
蜜月过后
她开始了两地分居的漫长黄河之恋

她在农田耕耘着希望
把收获后的喜悦带到黄河边
换成白酒醉倒她的汉子
让他消失了疲惫投入她的香怀

她在老家扶老携幼
为了不耽误她汉子的治黄工作
她娇弱的双肩支撑着整个家
当娘又当爹的孤独日子延续了几十年

她青春岁月都奉献给了黄河
想念变成信件诉说着她的思念
为了黄河汉子的探家归来
她曾踮着脚尖在村口望了多少回

曾经光洁的额头悄悄布满了皱纹
像黄河一样弯弯曲曲
它记述着“黄嫂”默默奉献黄河的历程
也是爱的长河的行程

尽管她不是黄河职工
可是黄河水的涨落牵动着她的心
她替黄河汉子分担了家忧
黄河勋章里也有她的一半

“黄嫂”现在已经双鬓斑白
但黄河情却更浓
为了黄河的明天她把孩子又送到黄河
好再延续她那黄河之梦

（本文由黄河水利委员会推荐，获诗歌类评比三等奖）

中华魂（古韵八章）

马爱梅

适逢建党90周年，河清海晏，国泰民安，感怀有加。遂以七大流域今古风貌赋之，铺陈神州巨变，歌颂美好时代，寄寓康乐和谐之愿。

《序词·建党九十年感怀》

海阔渺风烟，山高远商宫。
万里广厦新貌，极目郁葱中。
水月南湖流播，似忆雄魂英魄，悲泣祭青松。
井冈山前月，无语照秋红。

明五湖，皓四海，兴工农。
憾天亘地伟业，举世响殊荣。
改革开放硕果，奔月嫦娥神舟，两岸拜同宗。
逶迤红旗赞，千古耀长空。

《长江母亲》

玉泊映长虹，冰峭接天罡。
巴山楚泽形胜，今日更慨慷。
遍历巫峡夜月，沃育晴川吴粟，河汉绕潇湘。
五岳山前路，激浪唱长江。

兴魏晋，沃唐宋，拓明疆。
壮心直上云霄，九歌悲愤长。
雨花台前旧恨，痛浸千尺埃尘，血骨永含伤。
涤荡沉疴日，万载蕴华章。

《华夏摇篮》

河清远旭日，沙停近青山。
六朝风物何在？华夏换新颜。
甲骨铜鼎铸史，金戈铁马逐鹿，遍地落红残。
秦汉唐宋起，血流漂杵漩。

夕阳下，灞陵柳，飞宫檐。
前朝苦痛洗却，凌波览巨船。
堤坝高耸英姿，电掣锁住金龙，青山绿水传。
会当凌绝顶，高峡绝尘寰。

《珠江儿女》

江美自蜿蜒，水阔韵星辉。
碧水百转闽粤，千江细流洄。
历尽危楼恶浪，暗想金蟾共醉，东江送水炊。

一江春水盼，两岸早依归。

开沿海，富东南，港澳回。
科学发展宏图，奥运显神威。
王谢堂前巧燕，频唤乌骓宝马，九州喜腾飞。
但看珠江月，独自照雄魁。

《海河风姿》

海平轻燕影，河静留云踪。
崇山峻岭幽谷，松柏抵苍穹。
嵯峨宫阙凌云，笑问帝王何在？白骨付青冢。
江川入画图，引滦济河东。

强燕赵，富两岸，现峥嵘。
溯水濯波世外，慨然独从容。
白玉亭间旧事，京津一衣带水，形胜波连空。
天日多昭昭，民心记罪功！

《淮河情韵》

淮水襟带湾，云龙起徐州。
楚汉相争战地，洪波叠嶂稠。
高祖大风歌起，欲问虞姬何在？歃血溅春秋！
古彭多兵燹，当今绿树幽。

乘长风，凌碧波，泛扁舟。
山峻平原广阔，稻谷飘香田畴，景美鸟啾啁。
凭吊英烈前贤，苏鲁豫皖雄杰，青史名不休。

巍峨临淮岗，万顷稻粱洲。

《松辽雄风》

白山黑水间，松辽稻粟香。
满蒙回汉血浓，一川育牛羊。
鼓角声传连营，边关烽火正浓，弯弓射天狼。
八旗铁骑勇，康乾声威长。

抗帝俄，驱倭寇，击强梁。
义勇军歌响彻，蹀血战林殇。
回眸东北三省，千军如虎席卷，红旗迎朝阳。
云海接天池，河清奔小康。

《太湖琴心》

太湖孕吴越，天与水相连。
缥缈烟霞萦绕，芳草绿如蓝。
馆娃宫阙斜阳，佳人才子相隔，凄然闻丝弦。
较胜争强图霸，英雄困偃蹇。

望前朝，看今世，暖心田。
雪耻虎丘山下，功成暖双泉。
山河惠风吹遍，湖海佳音频传，鹇鹤亦翩翩。
共约逝波前，琴台敬前贤。
(调式：双调九十五字，前段九句四平韵，后段十句四平韵。)

（本文由中国水利水电出版社推荐，获诗歌类评比三等奖）

党的生日，黄河人的献礼

侯全亮

一

又到了当年的这个时刻，
又有两行热泪在我的脸庞无声滴落。
中国共产党的九十华诞
已经翩翩来临，
作为黄河人，我们应该怎样
为党的生日献上一份厚礼，
又该怎样，
向伟大祖国汇报我们的情怀与诉说！
啊，岁月悠悠，前赴后继，
啊，成就斐然，波澜壮阔。
此刻，那一件件荡气回肠的治河往事，
仿佛重新在历史长河中闪烁……

二

朋友，也许你难以想象，
为了见证党领导人民治理黄河的非凡足迹，
这里，我们要讲述一个惊心动魄的经历。
1949年9月，那是人民共和国即将诞生的庄严时刻，
一场洪水突兀而至，
像是赶来参加开国大典的不速之客。
“绝不能让黄河决口的悲剧重演!”
一种巨大的历史责任感，
顿时在大河上下，化作钢铁意志般的浪波。
一天深夜，黄河下游一处堤岸，
突然发生碗口粗的漏洞，
顷刻之间，就要把大堤拦腰撕破。
在这万分危急的时候，
黄河职工戴令德巡堤查险来到这里，
没有片刻犹豫，没有胆怯退缩，
他，纵身跳进浊浪翻卷的河水，
用身躯紧紧堵住汹涌湍急的漩涡。
洞口越来越大，喷涌的水柱发出狂吼，
戴令德，随时就会被无情的激流吞没。
然而，此时他的信念只有一个，
那就是：“宁肯死在洞中，也要守住黄河!”
三十多个日日夜夜啊，
数十万抗洪大军，与洪水殊死搏斗，与险情短兵相接。
最后，滚滚洪流安澜入海，
汇入浩瀚的蔚蓝色的大海。

也正在这时，千里之外的天安门广场上
第一面五星红旗冉冉升起，
黄河儿女，把黄河安澜的一份厚礼，
庄重地，庄重地，献给了新生的人民共和国……

三

黄河宁，天下平。
当历史进入新的纪元，
古老的黄河承载着人们更高的理想和寄托：
多少次跋山涉水现场查勘，
多少个不眠之夜呕心沥血，
终于，一部治理开发黄河的宏伟蓝图，
走进全国人民代表大会的神圣殿堂，
成为新中国的重大决策。
啊，从六十年黄河岁岁安澜，
一举扭转频繁决口改道的险恶局面，
到水资源得到综合开发利用，
丰美的河水灌溉着希望的田野，
峡谷明珠点亮万家灯火……
是的，历史可以作证，
党领导人民治理开发黄河的丰功伟绩，
将永载史册！

四

是的，回顾以往，
我们豪情满怀，
展望未来，我们更深深懂得，

治黄事业亟待解决的问题还有很多很多。
洪水威胁尚未完全消除，
断流危机，生态恶化，
又悄然逼近人们的生活。
面对新的严峻考验，
怎样在科学发展观的引领下，
谋求人与河流有机谐和?!
如今，新一代黄河人，
为了母亲河的长治久安，
正在肩负使命，继往开来，进取开拓。
我们将用全部的睿智和行动，
让母亲河安澜无恙，万古奔流
谱写出一部新的大河颂歌!

（本文由黄河水利委员会推荐，获诗歌类评比三等奖）

黄河长

刘葆方

没有谁的历史比你更漫长
没有谁的经历比你更沧桑
没有谁的名字比你更响亮
没有谁像你一样被世代称颂、敬仰
啊，黄河
你的名字和你的历史一样
万古流芳

你跨越古今，奔腾激荡
目睹沉浮更迭、荣辱兴亡
你贯穿南北，纵横九江
在苍茫天地间开垦生机和希望
你流淌着民族的血液
承载着厚重的历史与文化

用甘甜的乳汁塑造着民族的性格
用坚实的臂膀托起民族的希望

啊，黄河
用什么样的情感才能抒发对你的崇拜
用什么样的语言才能描绘你的博大、坚强
每当我想起你的名字
豪情就会迸发在我的胸膛
每当我触摸你的肌体
泪水就会湿润我的眼眶

啊，九曲蜿蜒的黄河哟
一头在我心里，一头在天上
龙在河中游，岸上落凤凰
女娲补苍天，大禹治水荒
五千年的文明，五千年的积淀
浓缩了孔孟诸子百家深邃的哲理
流淌出诗经离骚、唐诗宋词的华美和狂放
数不尽的文化瑰宝，道不完的荡气回肠
铸造了华夏文明的博大精深，源远流长
抒写着人类史上不朽的篇章

黄河的风哟，带着远古的狂野
和着黄河大合唱的节拍
吹落漫天黄沙
吹来满园春光

黄河的浪哟，携着万丈狂澜
以排山倒海的雄浑气魄
劈山越岭
无可阻挡

黄河的渔歌哟，从古到今
在河面上飘荡
不变的腔调婉转高亢
唱出日出日落，儿女情长
唱出河清河黄，豪情万丈

黄河的儿女哟
迎着黄河的风和浪
用勤劳的双手
描绘黄河的历史华章
他们的胸怀和黄河一样宽广
他们的性格和黄河一样坚强

古老的黄河
凝聚了五千年的智慧、五千年的力量
创造了华夏民族历史的灿烂辉煌
崭新的黄河哟
带着炎黄子孙新的希望
开始了划时代的远航
去迎接民族未来更宏伟的梦想

(本文由河北省水利厅推荐，获诗歌类评比优秀奖，收入本书时有删改)

水利赞

高建文

中华文明五千年，炎黄子孙薪火传；
自古君王兴水利，国运昌隆惠民安。
一九二一党成立，领导人民谋独立；
艰苦奋斗把国建，中华儿女笑开颜。
全国人民抖精神，各项建设开红门；
争先恐后齐上阵，独占鳌头水利人。
六十多年兴水路，农业命脉第一步；
中央方针指向前，水利保障促发展。
史上洪涝灾害重，设施薄弱屡被冲；
伟大领袖发号召，千军万马真神勇。
防洪体系巧安排，疏堵结合一起来；
科学决策指挥棒，各河平稳入大海。
堤防工程高标准，除险加固治磨损；
防洪灌溉两兼顾，水利基础要建稳。
防总防指威名大，防汛指挥信息化；

预案方案早准备，再发洪水咱不怕。
全国水利要治理，七大江河是主体；
水库枢纽几万座，长江三峡小浪底。
城乡供水任务重，地表地下都得用；
流域调水来解渴，天下万民齐称颂。
京密引水是模范，引滦引黄解危难；
南水北调工程建，城市供水生命线。
百姓喝水很关键，修库挖塘统筹建；
治氟治砷建水窖，水润农家心中甜。
农业生产水是命，打井抗旱天注定；
发展灌区很繁荣，百姓心里真高兴。
节水灌溉大发展，农田稳产夺高产；
中央三农政策好，农村水利设施全。
海河滴水贵如油，节约用水走前头；
总量控制划红线，定额管理控水流。
生态环境要修复，水功能区划清楚；
保护源头大水缸，减少污染是正路。
地球之肾是个宝，调节气候不能少；
应急调水来保护，华北明珠永不老。
水土保持治风沙，人工治理种树花；
自然修复长青草，人水和谐多美好。
贫困山区建水电，换来光明一大片；
能取暖来能做饭，人人称赞小水电。
依法治水管水好，行政许可很重要；
执法监督查案件，队伍建设素质高。
水少水脏纠纷繁，行政协调两边劝；
预防为主措施棒，团结治水是模范。

水管体制改革妙，管养分开机制俏；
两项经费全落实，工程管理上轨道。
规划完善成体系，综合规划来引路；
专业专项措施实，前期工作抓得细。
科学研究打基础，对外交流擂战鼓；
水利管理信息化，视频监控迎风舞。
一号文件下发了，加快发展吹号角；
十年投入四万亿，水利前景很美好。
城乡供水保安全，生态环境河流健；
防洪减灾管洪水，综合管理定规范。
资源环境可持续，经济腾飞民富裕；
科学发展人为本，中华民族复兴路。

（本文由海河水利委员会推荐，获诗歌类评比优秀奖，收入本书时有删改）

水之恋

李　婕

一双手细滑如丝
没有谁比你更温柔
虽没有挺拔的脊梁
却没有谁比你更有力量
你的名字叫做水
趋之利，则膏流万倾
避之害，则水旱从人

一颗心玲珑剔透
没有谁比我更懂你
生生世世血肉相连
年年岁岁水乳交融
我的名字叫做水务人
是大禹的后裔、郭守敬的子孙

伴着你走过风雨走过四季
这份爱恋至死也不渝

枯水时节
你汩汩潺潺，楚楚可怜
我清理河道，收集数据
分析你，研究你
鼓舞你，扶持你
你胖了、壮了，渐行渐远

丰水时节
你喜怒无常，暴躁肆虐
我开渠疏导，巧引狂澜
安抚你，阻止你
引导你，疏通你
你收敛了野性，袅袅婷婷

你的脉搏伴着我的心而跳动
你的一举一动都牵挂着我的神经
浪费水源，我扼腕叹息
非法偷水，我愤恨不已
排污泄垢，我痛心疾首
蓝藻肆虐，我心悸怔忪
水资源的破坏和污染敲响了警钟
你，在一条黑暗的夜路上
匍匐、挣扎、呻吟、哭泣
我怎忍心看着你

娇美的皮肤变得槁枯
强健的身躯变得羸弱
三大水务吹响战斗的号角
九大体系奏出前进的乐章
水务人团结一心
打响了保水战

保增长、保民生、保稳定
防汛工程让城市无忧
保水工程让民心安澜
节水工程让水源循环
治污工程让河道还清
烈日炎炎、汗流如雨
电闪雷鸣、风餐露宿
多少个忙碌的白天啊
我为你而奋战
多少个不眠的夜晚啊
我把你苦苦牵念
我用汗水浇灌出和谐之花
我用辛劳夯实了万里长堤
治理的河湖挥洒着美丽
除险的水库倾诉着平安
灌溉的沟渠流淌着丰收
劳碌的场景沉淀成诗行

你健康了、驯良了
曾经肆虐的咆哮变成了诉说

而我却老了
翩翩少年已两鬓华发
我怨你，又恋你
我恨你，又盼你
你是这样多变而婉转地
游走在江河湖海之间
我是这样执着而痴迷地
坚守着这一行业
我终其一生与你相守顾盼
我倾尽心力只为看到那一天
人水和谐，水惠民生
湛蓝的天空下飞翔着我幸福的泪
碧透的河湖里激荡着你清秀的美

（本文由北京市水务局推荐，获诗歌类评比优秀奖，收入本书时有改动）

无言的丰碑

邹　力

在泰山脚下，汶河两岸
活跃着这样一群人
他们终年栉风沐雨，埋头苦干
他们一路跋山涉水，默默奉献
有了他们
你会感到离水很近
即使大旱之年
也能饮到清冽的甘泉
有了他们
你又会感到离水很远
即使洪水泛滥，
身边也有安全的防线
他们的名字就叫“水利人”
像水滴一样平凡，又像泰山一样伟岸

每当夏天，水库河川被当做战斗的前线
他们无数次在风雨交加的夜晚挑灯夜战
用铜墙一般的身躯
捍卫着堤坝的安全

每当寒冬，冈峦沃野成为演兵的战场
他们又一次冲锋在前
带领群众兴修水利，整治农田
为农业的丰收辛勤奉献

面对肆虐的春旱
他们千方百计开辟水源
为留住严重流失的水土
他们种草植树，拦起道道绿色围堰
终于
清冽的甘泉帮群众渡过了难关
昔日的不毛之地变成了锦绣山川

大汶河畔
他们筑起的百里长堤
锁住了汹涌的狂澜
一道道巨坝崛起，一座座平湖初现
古老的大汶河焕发出青春的丽颜

在城市，在矿山
他们打响保护地下水源的持久战

心血流进百川，汗水滴进千岩
在大堤，在工地
他们忙着封堵蚁穴、排查隐患
忙着把水引进工厂田园
风餐露宿，痴情不变

他们的工作是这样的平凡
而他们的责任却重于泰山
千里之堤溃于蚁穴
万顷粮田毁于干旱
百业振兴，哪能离开不竭的水源
治水兴利，历来关系到国泰民安
他们深知自己的使命
为此不辞辛劳，披肝沥胆
像春雨，滋润万物而无声
似流水，点翠千山却不言

看吧，他们又默默地上路了
山道弯弯，他们一路走来
青山说
就用我的岩石给他们立一座丰碑吧
没有他们，青翠的草木怎能爬上我的山巅
溪流潺潺，他们一路走来
泉水说
就用我的清流把他们的名字带入历史长河吧
没有他们，我怎能常流不断，浇灌万顷粮田

其实，又何须为他们树碑立传
就像他们的身影一样，他们的丰碑无处不在
那透迤的绿水青山，不就是他们无言的丰碑
那独特的水利精神，不就是他们最好的纪传

听，从青山上飞流而下的绿水在歌唱
唱得令人荡气回肠，唱得令人激情飞扬
泰山苍苍，汶水泱泱
水利精神，山高水长

(本文由山东省水利厅推荐，获诗歌类评比优秀奖，收入本书时有删改)

与水文有关

陈淑松

题记 “一水一世界，一站一菩提”。水文工作的价值不能用时间长短和工作量付出多少来衡量。每个水文人的一生都是一段蕴意深刻的禅机故事，平凡丈量着伟大，不同的人以相同的方式禅释着生命的真谛。

水文站——诗意栖息地

谁哟?
撩拨了女娲的琴弦
滑落的音符
铿铿锵锵
从坎坎伐檀兮
沿着盘古的斧痕
协拍夸父逐日的跫音
垂晃
回荡

在这水之湄

谁哟?
感应了上帝的秘旨
诺亚方舟
浩浩荡荡
从《圣经》里出发
穿过爱琴海
沿着都江堰和大运河
划过大禹治水挥斥方遒的袖角
停泊
搁浅
在这水中沚

谁哟?
打翻了仓颉的墨砚
诗歌
汩汩漾漾
从诗神阿波罗的吟哦声中
淌过缪斯的唇际
洒落
遗失
在这水中坻

谁哟?
传承了华佗的衣钵
脉象

隐隐闪闪
从中医典籍的字里行间
镌刻神医手的印痕和温度
用固定的姿势
物化
定格
在这水之涘

谁哟?
诗化了伊人的形象
眉黛间的美人痣
闪闪烁烁
从蒹葭苍苍
映着荷叶晶莹剔透的露珠
溯洄
溯游
在这水中央

水文人——水边的守望者

谁哟?
惊蛰了
庄生的晓梦
望帝的春心
化蝶
杜鹃
翩翩舞舞
和着文明的翅膀

化作阵阵呢喃
歌咏梦想
胎动希望

谁哟?
板滞了涂山氏之女的目光
俟人兮猗
温情的瞳孔
深深邃邃
映着日月星辰
熨帖着春风夏雨秋水冬雪
守望孤独
凝视穹苍

谁哟?
槁暴了
铜色的脊梁
弓弓曲曲
以同一种方式
同一种姿态
同一种语言
同一种表达
禅释平凡
丈量伟大

答案
不需回答

语言尤显苍白
答案
在苏格拉底晃晃悠悠的灯笼下
在水边阿狄丽娜婀娜的身姿里
在西西弗斯沉重的巨石上
在水文站水文人
最自然的存在中

(本文由贵州省水利厅推荐，获诗歌类评比优秀奖，收入本书时有改动)

水利兴，新疆兴

胡　燕

我走过苍茫昆仑
看见荒凉的山渴望水的眼神
我走过浩瀚沙漠
听见干枯的风乞求水的呻吟
我走遍天山南北
总有一幕幕情景在表述
水，是生命的源泉
我走遍农村牧场
总有一个个故事在阐明
有水，幸福才能永存

跋山涉水
我们在高高的达坂峭壁上勘行
沐风浴日
我们在火热的水利工地上打拼

无论多么困苦
总有一个声音在引领
治西北者宜先水利
无论多么艰辛
总有一个声音在回答
求实，负责，献身

当一座座水库碧波粼粼
生命之水潺潺而临
田间地头欢快地繁忙起来
草场绿了，庄稼丰收了
收获着优质的棉粮
农民的笑语萦绕田野
水利兴，农业兴
放牧着肥壮的牛羊
牧民的歌声回荡草原
水利兴，牧业兴

当一座座水电站机组轰鸣
发展动力源源不断
车间工地有序地紧张起来
机器转了，工业园起飞了
当农村呈现城镇化的雏形
农民心里乐开了花
水利兴，富民工程兴
当棉纱电机畅销国内外
工人脸上笑开了颜

水利兴，工业兴

当一座座水塔矗立村头
清洁的自来水流入千家万户
告别了涝坝水和地方病
百姓健康了，生活更美了
踏着麦西来甫的节拍
和谐的舞步欢快地表达着
水利兴，民心稳
伴着脱贫致富的欢欣
悠扬的冬不拉深情地弹奏着
水利兴，人民兴

带着殷切的期望
春贤书记对我们说
水利兴，新疆兴
带着致富的渴望
各族人民对我们说
水利兴，新疆兴
带着人水和谐的厚望
160万平方公里的土地对我们说
水利兴，新疆兴

(本文由新疆维吾尔自治区水利厅推荐，获诗歌类评比优秀奖，收入本书时有改动)

功勋写在江河上

杨笑影

当阴霾驱散，我们重识这片河山
当风雨过后，生命之花再度盛开
我们怎能忘记，三年前的那个春天
一场突然降临的大地震

交通、通信、电力完全中断
汶川一时间成为与世隔绝的孤岛
在这危急时刻
阿坝州水文局局长罗华强突然想到了防汛电台
他飞快地冲向办公楼
强震发生十二分钟后
一声生命的呼叫划破长空
“汶川紧急呼叫！汶川发生大地震……”
这是灾难中的汶川发出的第一声呼救

这是水利人用电波在空中架起的生命通道
世界听到汶川的脉搏还在跳动

江河在告急，水库在告急
水利一瞬间就可能变成水害
一个特殊的战场摆在面前
抗震抢险，成了水利人别无选择的使命

紫坪铺
一个在电视画面上频繁出现的名字
牵动着全体水利人的神经
高出成都377米的正常蓄水位
将它的安危与成都及周边千万人的生命绑定
“关键时刻冲上去，危难之时豁出去”
冒着持续不断的余震和隆隆滚落的飞石
水利厅的领导和技术人员火速赶往山里
在第一时间向上级传回了紫坪铺水库的现场信息

怎能忘记，13日晚开始的那场鏖战
水利部领导坐镇指挥
一场紧急抢修大战全面展开
大雨、余震、飞石
耳边不断响起死神的脚步声
水利勇士们却将生死置于度外
8个昼夜190多小时的生死拼搏
所有泄洪设施全部成功开启
电站恢复了正常发电

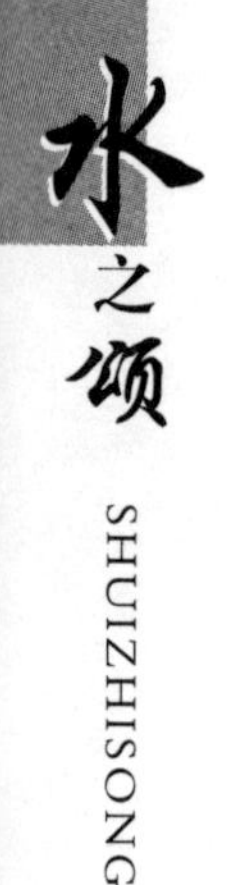

攻坚战以胜利而告捷

当30多处堰塞湖出现
水利人意识到一场恶战临近
水利部陈雷部长坐镇排险指挥部
15个批次的敢死队冒险挺进
此刻他们中许多人的父母妻儿还埋在废墟下
他们中还有许多人没有亲人的任何音讯
但他们来不及哭泣
他们把悲伤埋在心底
成功处置104处堰塞湖和壅塞体
保证了两千多座震损水库600多个震损电站无一溃坝
700多处震损堤防无一决口
应急解决了1129万灾区群众饮水困难
及时恢复了灾区电力供应
他们秉承了水利人的传统与精神
用热血和生命铸就了彪炳史册的功勋

如今，水利人又踏上了灾后重建的新征程
不仅水利基础设施要超过灾前水平
“再造一个都江堰”的宏伟蓝图更是激动人心
在武都水库枢纽大坝
在星罗棋布的农田水利建设工地
在饱受磨难的青山绿水间
在富饶秀美的天府大地上
看，处处人马都在火热奋战
听，条条江河都在纵情歌唱

歌唱四川水利人立下的不朽功勋
描绘四川水利更加美好的未来

(本文由四川省水利厅推荐，获诗歌类评比优秀奖，收入本书时有删改)

小浪底！请你告诉我

梁春林　马贵安　程长信

我站在这里
望青山与绿水相连
碧波共长天一色
回想当年
寻找先人的足迹
重温每一页闪光的历史

我站在这里
迎八面来风
在悠悠天地间
静静思索
心中腾起一道连接古今的彩虹
那是一曲悠扬的小浪底之歌

大禹啊
请你告诉我
当年三过家门而不入的时候
你胸中的未来
是一条怎样的黄河

李白啊
请你告诉我
当你仗剑狂歌“黄河之水天上来”的时候
你杯中的酒
可是像这黄河水一样浑浊

冼星海
请你告诉我
当你用殷殷鲜血谱就黄河绝唱
以万丈狂涛书写民族抗日决心的时候
你可曾想过
黄河有一天会展现一望无际的柔柔绿波

贺敬之
请你告诉我
你曾满腔热忱地唱响“黄河之水手中来”的诗句
面对今天的小浪底
你又会唱出什么样的歌

连绵起伏的群山啊
请你告诉我

一代伟人“要把黄河的事情办好”的嘱托
透过历史的烟云
是否依然在你的记忆中深深地镌刻

小浪底啊
请你告诉我
如果没有改革的春风
你今天能否尽情地荡漾起绿波
拥抱美丽的天鹅

“黄河终有澄清时”
小浪底
你使这千年古训变成了现实
你是一颗镶嵌在高峡中的明珠
你使千千万万水利人的酒杯中
盛满了欢乐

今天，我站在这里
望青山与绿水相连
碧波共长天一色
展望小浪底的未来
扬起新的风帆
昂扬向前
一路高歌

（本文由小浪底建管局推荐，获诗歌类评比优秀奖，收入本书时有删改）

水沐春风

杨年荣

华夏炎黄启，文明烽火传。
功绩亮嵌野，勋卓彰祖先。
泱泱水利史，浩浩震霄寰。
筑堤以束滥，遇弯裁角填。
旁决挽正流，疏流深淘滩。
祖先匡论理，效应世纪迁。
贾公[①]具三策，禹领[②]过门前。
叔敖[③]古陂塘，引漳灌渠连。
王景固河汴，李冰都江堰。
希文[④]忧天下，浚修置闸涵。
介甫[⑤]制约束，四方俱争言。
若思[⑥]都水事，运河始定奠。
季驯理河运，江防著一览。
仪址引西洋，水堂开先坛。
懿德光万古，煌硕彩续篇。

神州耀日月，中华换新颜。
防总运帷筹，避患民居澹。
国是镌民生，兴水进纲揽[7]。
流域分相谋，立学养精贤。
“蓄泄兼筹”是，荆江分洪澜。
治淮成方略，天地水文联。
大通首滞蓄，京杭置扩延。
引黄济卫鲁，官厅横谷垣。
河套泽桑普，新略福藏峦。
刘家堵峡壑，密云得川源。
“三主”[8]热潮起，八面歌震天。
葛洲奇飞虹，三斗断江险。
黄河入故道，长江碧漪涟。
鄱阳沉涛激，洞庭筹坚磐。
海浪屏风息，津浦落伟岸。
高端出宏构，南水入北原。
水保覆苍野，库堤固厦安。
再兴疆域计，民望复高盼。
为政顺民意，辛卯挚首言。
兴利扬水势，惠民赋生婵。
十年同振臂，方土呈祥绵。
紫气正东升，瑞意辞旧还。
斯人乘盛作，当博和阳间。
盛世显身手，铸魄春风年。
汤汤唱江远，融融人水欢。

备 注：

①“贾公”：贾让。

②“禹领”：大禹。

③“叔敖”：孙叔敖，公元前598～前591年，领导修建了淮河流域著名古陂塘灌溉工程。

④“希文”：范仲淹。

⑤“介甫”：王安石。

⑥“若思”：郭守敬。

“纲揽”：指1949年中国人民政治协商会议第一次全体会议把“兴修水利，防洪抗旱”写进《共同纲领》。

⑦“三主”：“大跃进”时期，全国兴起水利建设的运动，《中共中央关于水利工作的指示》中提出“以小型工程为主、以蓄水为主、以社队自办为主”的方针，建设了900多座大中型水库，对当时的防洪抗旱起到了非常重要的作用，但规模过大，质量较差，留下了很多后遗症。

(本文由湖南省水利厅推荐，获诗歌类评比优秀奖)

寻找治水爸爸

何英耀

我的爸爸是水利人
他很忙，也很累
我不知道他每天都去了哪里
只知道他很少在家，连节假日也一样

春天到了
天气变暖了
雨水变多了
汛期就要来了
防汛准备工作开始了
我的爸爸已经连续几天没有回家
他去了哪里

春风对我说

你的爸爸去了希望的田野
正在那里检查灌溉沟渠是否畅通
燕子对我说
你的爸爸去了电排泵站
正在那里检查电机水泵设备是否正常运转
鹦鹉对我说
你的爸爸去了防汛仓库
正在那里检查储存的砂石麻袋是否充足
山雀对我说
你的爸爸去了水库电站
正在那里检查防汛人员措施是否落实到位

夏天到了
暴雨增多了
河水上涨了
洪峰来了
抗洪抢险的战斗正式打响了
我的爸爸已经连续几天没有回家
他去了哪里

喜鹊对我说
你的爸爸去了河边测站
正在那里紧张观测水文汛情
百灵鸟对我说
你的爸爸去了防汛会商室
正在那里开会研究水库电站何时开闸错峰泄洪
星星对我说

你的爸爸去了水库大坝
正在那里和群众一道检查大坝是否出现管涌
太阳对我说
你的爸爸去了江河大堤
正在那里和战士们一起肩扛砂袋勇堵大堤缺口

秋天到了
天气变凉了
雨水减弱了
险情消除了
灾后自救、生产恢复工作正在紧张进行
我的爸爸已经连续几天没有回家
他去了哪里

布谷鸟对我说
你的爸爸去了受灾的乡村
正在那里帮助指导村民展开自救、恢复农田生产
啄木鸟对我说
你的爸爸去了水毁工程现场
正在那里统计核实水毁受灾情况
画眉对我说
你的爸爸去了河边街道
正在那里和群众一道清扫淤泥排除积水
白鹭对我说
你的爸爸去了湖区泵站
正在那里日夜坚守紧张排涝

冬天到了
天气变冷了
降雨减少了
水库出现干涸
抗旱保苗、兴修水利正如火如荼
我的爸爸已经连续几天没有回家
他去了哪里

鸿雁对我说
你的爸爸去了农田麦地
正在那里指导农民节水灌溉
天鹅对我说
你的爸爸去了水库工地
正在那里加班加点为大坝除险加固
野鸭对我说
你的爸爸去了山坡荒地
正在那里种草植树治理水土流失
丹顶鹤对我说
你的爸爸去了苗寨瑶乡
正在那里架设饮水管线设施

爸爸呀，爸爸
你现在又在哪里
治水人是不是都和大禹一样
以山川河流为家
爸爸呀，爸爸
我好想快快长大

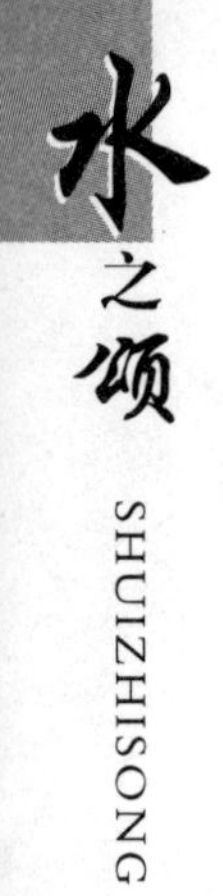

走遍青山绿水
去追寻你的足迹……

（本文由湖南省水利厅推荐，获诗歌类评比优秀奖，收入本书时有删改）

春到石漫滩

宋好雨

车轮在春雷中滚动
溅落丝丝春雨
马达在春光里欢唱
扬起柔柔春风
干涸荒凉了十八年的石漫滩
来了播洒春天的水利职工

大坝样伟岸的棒小伙
笑脸比春日灿烂
春水般妩媚的好姑娘
笑语似春溪叮咚
那满头飞雪的老同志呵
斑白的双鬓该是昨日春花的记录吧
漫漫人生路

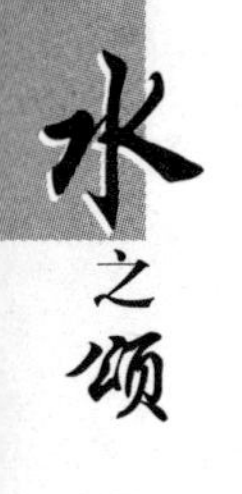

早结满秋的硕果
拳拳不老心
依然如绽放的花蕾般年轻

朝沐石漫滩之露
夕披石漫滩之星
双手击穿基岩
一身融化坚冰
为了工程早日建成
哪顾得酷严冬雨雪霜风
艰险
炼就了水利人的性格
困苦
凝成了建设者的哲学
拼搏进取，求实献身
以苦为乐，乐在其中

这是多么平凡的一群啊
然而平凡却不等于平庸
这是多么闪光的群体呀
然而一个个却是那样的普通

石漫滩的荒漠
曾经丢失了春的衣裳
因为水利人的到来
又有了春波激荡花红草青
石漫滩的荒山

曾经流失了春的绿伞
因为豪迈的建设者走过
现在已是春潮涌动郁郁葱葱

（本文由河南省水利厅推荐，获诗歌类评比优秀奖，收入本书时有删改）

水利赞歌

万璐璐

漫天飞舞的雪花
是苍天降临的福音
汹涌澎湃的浪花
是充满激情的奔放
温柔细密的雨滴
是春意盎然的流淌
川流不息的山泉
是拥抱春天的畅想
他们拥有一个共同的名字——水
孕育万物的生命之源

善治国者必先治水
沿着伟人指点的方向
新中国的拓荒者
书写了水利建设的恢弘画卷

纵横的渠网布满原野
古老的都江堰焕发出青春容颜
高峡出平湖的喜讯沸腾了万里长江
小浪底的气概重现了黄河之水天上来的壮观

黄河说，我不会再让洪水肆意泛滥
长江说，我的血液正点亮城市的万千灯盏
东海说，我渴望有更多“致远号”在巡游
太平洋说，我目睹了“神舟七号”呼啸九天

化害为利水随人愿
解决城乡饮水安全
基础建设高潮迭起
治理水源杜绝污染
节水灌溉形势喜人
垒堤筑坝防洪抗旱
和谐水利惠泽民生
解放思想和谐发展

多少个日夜
跋涉江河，风餐露宿，笑对荒野
用激情描绘出张张蓝图
多少个寒暑
披星戴月，艰苦鏖战，俯视山峦
用心血铸造起座座水利丰碑

一块块护砌的石头
守护着人们的富足与安康
一条条蜿蜒的渠道
流淌着丰收的希望
一项项宏伟的供水工程
奏响人水和谐的动人乐章
一个个除险加固过的水库
展现靓丽迷人的风景画廊
一座座壮观的抽水蓄能电站
传递万家灯火的温暖情怀
一处处生态水利建设成果
装点城市与乡野人水和谐的殿堂

忠诚为民，科学务实
廉洁奉公，无私坦荡
兴修水利，一丝不苟
服务百姓，共建安康
水利人正努力实现着心中的理想
水利人正努力践行着自己的诺言

中小河流规划治理
病险水库除险加固
水土保持生态平衡
节水改造深入田间
防旱防汛加强应急
移民扶持二十年不变
种种给力举措

情系千家万户

让我们以大禹治水的精神
谱写华夏安澜的壮丽诗篇
让我们以夸父追日的执着
精心打造和谐水利的迷人画卷
让我们踩着催人奋进的鼓点
奏响千秋伟业的治水华章
让我们携起昨日积累的经验
再创水利明天的辉煌与灿烂

（本文由广东省水利厅推荐，获诗歌类评比优秀奖，收入本书时有删改）

游罗坑水库

钟恒波

巍巍嶂映彩云翩，
立坝横空倚岭悬。
微浪摇风乘去棹，
细波漾月待归船。
萋萋渚竹萦烟雾，
渺渺层林亘岸泉。
啼鸟乐人迷胜景，
漪涟绿水注心田。

(本文由广东省水利厅推荐，获诗歌类评比优秀奖)

水利人的南方和北方

周　虹

当塞外的雪花为人间送来吉祥
江南的细雨已开始传递春天的温婉
当南海的浪花拍打着激情与豪迈
北国的冰封正凝结出伟岸和坚强
辽阔中华的大地
蕴育了异彩纷呈的南北方
我，来自温柔的江南水乡
我，生长在坚毅的西北边疆
自从成为水利人
我就更多了解了祖国的南方和北方

水利人的南方和北方其实不一样
一边是洪涝的脉搏，一边是干涸的脊梁
水利人的北方和南方其实也一样

共同的愿景都是兴利除害、治水安邦

我熟悉的南方，像先人的词
小桥流水，默默带走那缤纷往事与故国容颜
杏花春雨，悄悄又绿了河岸垂柳和广袤稻田
我认识的北方，像前人的曲
大漠孤烟，写意如往昔之金戈铁马、冷月边关
长河落日，绚烂了今日的胡杨古道、巍峨青山

水利人的南方，是秦始皇和李冰的南方
灵渠沟通湘漓水，碧泉清流润岭南
都江堰灌溉巴蜀地，水旱从人，富庶一方
水利人的北方，是大禹和隋炀帝的北方
治水患得地平天成，辟良田、定九州
修运河贯南北千里，通涿郡、运江都
水利人的南方，是苏轼和白居易的南方
疏西湖减灾害，推理酌情留风景
筑白堤捍钱塘，润泽一片鱼米乡
水利人的北方，是郑国和郭守敬的北方
开渠注田四万顷，化关中为沃野
通河促南粮北调，筑道泽久旱西疆

我走过长江、淮河、太湖和珠江
去了解水利人的南方
在三峡大坝的雄姿中，感受着南方
在开满油菜花的灌区前，陶醉着南方
在西南梯田的葱郁里，凝视着南方

在沿江小城华灯初上时，读懂了南方
啊，水利人的南方
大气、生机，惠泽民生

我走过黄河、海河、辽河和塔里木河
去了解水利人的北方
在小浪底的飞瀑中，感动着北方
在高原的节灌设备旁，欣赏着北方
在蒙古包的水龙头前，触摸着北方
在扎龙湿地的丹顶鹤身边，我恋上了北方
啊，水利人的北方
稳健、持续，人水和谐

看南方
那一座座除险加固后的水库
那一个个防洪工程庇护的城市
那一条条交错如织的灌渠
那一口口让百姓放心的水井
都是水利人披星戴月、夜以继日，用心血和汗水凝成
看北方
那一根根抗旱补水的管道
那一弯弯重现生机的河道
那一座座治理小流域的淤地坝
那一张张授权购水的凭票
都是水利人风餐露宿、孜孜不倦，用智慧和辛劳铸造

奔腾的河流淌出岁月峥嵘和国运兴旺

秀美的湖泊闪耀甲子轮回与世间辉煌
水利人的南方和北方
水利人永恒的家园和信仰

（本文由中国水利水电科学研究院推荐，获诗歌类评比优秀奖，收入本书时有改动）

滏阳河，我想对你说

吴 颖

这是一条龙脉天成的河
用甜美的乳汁恩泽四方生灵
孕育出一片富饶的土地
这是一条亘古绵延的河
用流动的血脉滋养两岸商贾
演绎出十八酒坊美丽的传说
这是一条奔流激荡的河
砥砺了抗日志士的忠肝义胆
交汇成冀中平原的慷慨悲歌
这就是滏阳河
衡水人民的母亲河

滏阳河，我想对你说
你曾让我陶醉让我神往

也曾让我叹息让我难过
六十年代前的你
泊船如龙、水光如柱、鱼虾肥美，通体空净明澈
然而，不知从何时起
你的身躯被无情蹂躏
你的容颜失去了光泽
你淤泥没膝、浊气熏天、水草枯死、生物灭绝
衡水人民为你扼首叹息
把今天的你一遍一遍地斥责

滏阳河，我想对你说
封闭的堤坝挡不住开放的春潮
民生民愿呼唤催生科学的决策
衡水临水而建因水得名
做好水文章才能把发展的动力激活
滏阳河市区治理被列为“三年大变样”的一号工程
于2009年“龙抬头”时击鼓鸣锣

滏阳河，我想对你说
为你穿新装、换新貌
水务职工天降大任将职责溶入魂魄
他们白加黑披星戴月
他们五加二奋力拼搏
他们夜以继日赶工期
他们风餐露宿忘记了自我
人累瘦了，脸晒黑了
嗓子哑了，头发白了

满眼血丝，满手血泡
伴随的是眉宇之间的舒张开合

滏阳河，我想对你说
为你穿新装、换新貌
水务系统的共产党员一马当先唯旗誓夺
他们无愧于先锋模范的称号
他们是灿烂群星中最美的星座
以一当十的承担、一言九鼎的承诺
创先争优的激情、无私奉献的风格
在他们身上诠释的淋漓尽致
被他们演绎的如诗如歌

滏阳河，我想对你说
四百多个日日夜夜
是水务职工用汗水和血水为你洗净了脸庞
是水务人用勤劳和付出让你恢复了龙的本色
是水务人让清澈的湖水流入你的怀抱
是水务人为你的双鬓插上美丽的花朵
当你激起五彩浪花重现风光旖旎的姿态
当你荡出七彩波浪回归如诗如画的风格
当你用悠悠情丝牵来朝霞夕阳
当你用母亲般温柔的手把大地抚摸
请别忘了他们——衡水水务职工
那些卓绝坚韧、锲而不舍、拔关夺隘、气盖雄浑的开拓者

滏阳河，我想对你说

你的儿女们深知母亲的博大与深邃
报之于你的是更长远的目标更震撼的动作
萧何广场、文化长廊、龙眼公园等十几处沿河景观即将开工
水务职工们要为你铺绣挂锦　浓妆艳抹
我们要让你天天神采奕奕　处处风光满眼
我们祝愿您腾蛟起凤　一路高歌！

（本文由河北省水利厅推荐，获诗歌类评比优秀奖）

我眷恋的那条河

崔振良

一

我眷恋的那条河
不知它给人们留下多少美丽传说
这一古老凄凉的河川
曾记载过酸甜苦涩
干涸的河啊，只有疏稀的黄草被风吹打
乌鸦在几棵干枯的树冠上做窝

七十年代初的一个秋末
治河大军踏过那沉寂的荒坡
来到伤痕的堤岸安营扎寨
两排鲜艳的红旗给战地增添几分秀色
分段、放线、修坡、挖沟
一场治河的战斗打响了——

神奇的治河人震撼十里长河
多年沉积的泥土还是靠两只胳膊
推出河道，夯实堤坝
身上的汗水在寒风下时出时落
仿佛，他们就是天降的美容师
让弱患的巨龙美丽很多，很多……

二

我瘦小的身躯推车拉坡
这样艰辛的劳动从未经历过
战泥沙、斗软土、锗狗头[①]的战役
双腿被锋利铁锹划破
手脚也起了紫青血泡
要顶住啊，这就是爹娘的嘱托
老连长是我敬佩的大哥
多年的磨炼造就了他不服输的性格
战泥沙的艰苦战斗
让他脚趾骨折
再多劝说也不能下火线
冲锋陷阵、攻克难关不能没有我

晚上，寂静的夜空繁星闪烁
对岸，传来一首首欢乐动人的歌
好奇的连长带头走出工棚
渴望能调整疲惫的生活
也许，这一阵阵悠扬的歌声
会使他们失去远离家乡的寂寞

三

三十年后的那条河
荒滩上科技园区紧张建设
在那桃花盛开的堤岸
架起一幢幢耀眼银窝[2]
清晨，喜悦的农民带着辛勤果实
在堤路上往返穿梭

如今，在这古老而秀美的河
又相重逢，建闸，筑坡
一方方花岗石
像翠玉镶嵌在大堤两侧
坚实雄伟的大闸
洪水再也不敢把它冲豁

虽然，我腿上伤痕不会脱落
老连长魁梧的身影不见出没
然而，在这战天斗地的水利工地
仿佛又听到了英雄赞歌
也许，这推土机的轰鸣声啊
怎么会代替我情感的诉说

注：①锗狗头，指除掉一种硬胶泥，俗称狗头胶。
②银窝，指蔬菜大棚。

(本文由河北省水利厅推荐，获诗歌类评比优秀奖)

让梦再次翱翔

刘　睿

让梦再次翱翔
放飞水利人新的理想
你一定心醉于那蓓蕾初绽
嫩芽轻吐的声响
那是万物正吮吸泉源的酣畅

看
春也扬起了风帆
吹遍灌区广袤的田野、起伏的山峦
是谁先知水暖了草绿了
嘎嘎笑着齐身飞翔

梦已再次起航
春把每一个水利人的心田染绿
汩汩流淌的渠水

唤醒我们心中的渴望

那是一个关于水的梦想
梦想着水源源流向山岗
那是一曲赞美春的颂歌
欢唱那春水滋养着万物
那是一幅关于秋的描画
渲染出硕果累累的丰收景象

新的梦想
依然浸润着先辈血汗的气息
仿佛还听到先辈们在讲
我愿我的血汗化作迢迢不断的春水
流进大地的胸膛

水的梦想
依托于坚实的坝堤
散布于交织的沟渠
依赖于先进的科技
凝聚于当代人的才智和力量

听！春的召唤
从每一片波光粼粼的湖面
从每一条绿水悠悠的河渠
水精灵们大声嬉闹着
纷纷跃向春土中

它们涌动着
从滔滔河水变成涓涓细流
浇灌着青青秧苗
融进农人的企盼
孕育下一个金秋的梦想

让梦再次翱翔
滋养着饱满的希望
田野铺开金黄
河渠放声歌唱

土地说
你托付我一个闪光的梦想
我将回报你一望无际的稻粱

不用急着寻找丰收的证明
看那春回大地
看那中南海涌出的春潮
看那所有水利人昂扬的斗志
新的梦想已插上了科学的翅膀
已然再次翱翔

（本文由安徽省水利厅推荐，获诗歌类评比优秀奖）

我看见了　清清的水

赵　锐

悬崖上
钢钎闪着银光
漫天飞舞的石屑
飘洒在原野、在山岗
我多么渴望
这是雪花在飞

没有水的日子里
恐惧像空气一样到处弥漫
看着左邻右舍
那些充满期盼的目光
我们别无选择
走吧
我们一起

去寻找生命的依托
沿着崎岖的小路
穿越崇山峻岭
把铁锹钉在峭壁上
把缆绳系在山岩上
不管有什么样的艰难险阻
谁也无法阻止我们的脚步

石屑继续在飞
带着艰辛
带着期盼
带着希望
我看见了清清的水

(本文由云南省水利厅推荐，获诗歌类评比优秀奖)

水文人的赞歌

崔力超

滚滚的浪涛
犹如吹响了起程的号角
每一刻江河的历史
在水文人的手中延长
一年年丰枯轮回的数据
和亘古的河水一起流淌

一个个水文站
如水边闪耀的星光
一条条水情线
为抗旱防汛、保护家园指引方向

一代代水文人平凡的足迹
已然成峰顶浪尖逝去的记忆
一轮轮山巅清冷的明月

咽下了多少水文人的忧伤与孤寂

没有多少豪迈的故事可以铭记
只有一组组水文数据
解读着水波，表述着洪峰
记录着江河奔流不息的脉搏和呼吸
无论是沉静还是惊涛骇浪
无论是浑浊还是清澈见底
全部的痕迹
都写在水文人平淡的岁月里

江河是家
风雨是伴
眼睛里驻守的是山的沉默和孤独
血液里流淌的是水的执着与坚强
百川不息
江河荡漾
既然选择了风雨
就无悔地走向远方

执着绘出厚重的水文史卷
坚韧凝成无畏的水利精神
这就是我们
这就是水文人

（本文由甘肃省水利厅推荐，获诗歌类评比优秀奖，收入本书时有删改）

盛世伟业

仲　智

(男1）翻开二十世纪史页，
(男2）斗转星移，
(男3）风雷激荡；
(女1）吟诵百年历史长歌，
(女2）波澜壮阔，
(女3）荡气回肠……

(男1）曾记否，
(男2、3）列强狰狞，鬼魅猖狂，
(女1）让龙的故乡，
(女2、3）暗夜难明，浪恶河殇……，
(男1）怎能忘，
(男2、3）仁人志士，求索复兴，前赴后继，
(女2、3）却倒在腥风血雨的刑场，

(女1) 留下"秋风秋雨愁煞人"的无奈与悲凉……
(男合) 漫漫长夜，传来"阿芙乐尔"的惊天炮响，
(女合) 南湖的红船开启了黎明的曙光，
(男1、女1) 镰刀、斧头的旗帜，
(男2、3；女2、3) 冲破黑暗，将井岗的星星之火点亮……

(男1) 这燎原的烈火啊，
跨过雪山草地，砸碎日寇的铁蹄，掀翻三座大山，
托起一个崭新的人民共和国，
犹如喷薄初升的朝阳，巍然屹立在世界的东方！

(女1) 水利兴，天下定，仓廪实，百业旺，
共和国的缔造者，从红色政权创建之初，
就将兴水利、除水害作为治国安邦的起点和保障……

(男2) 瑞金中华苏维埃的萌芽里，
水务署的牌匾已高高挂起……
(女2) 西柏坡三大战役的指挥所旁，
水利委员会已在规划新中国水利发展的蓝图和设想……
(男3) 抗美援朝的硝烟尚未散尽，
开国元勋就汇集在十三陵，率领千军万马大干快上……
(女3) 春天的故事刚刚讲起，
(画外音) "水电大项目上去了，能顶事"
(女3) 那熟悉的川音久久回荡……
(男1) "九八"百年不遇特大洪水风雨中
总书记话语铿锵……
(女1) 唐家山堰塞湖、舟曲泥石流现场

共和国总理语重心长……

(男合) 从水利是农业的命脉，
到要把黄河的事情办好……
(女合) 从水利是国民经济和社会发展的基础产业，
到水是生命之源、生产之要、生态之基……
(男1) 90年光辉历程，
(男合) 挥洒着“治水才能治天下”的壮丽篇章，
(女1) 鲜红的党旗下
(女合) 实现着一个又一个“当惊世界殊”的梦想！

(女1) 君不见，
绵延万里的巍巍长堤
守护着百姓的家园，勒紧了“野马”绳缰……

(男1) 君不见，
道道灌渠，阡陌交错，
编织了一张美丽的网，沃野万里稻熟千层浪……

(女2) 君不见，
高峡平湖，碧波荡漾，
汇成电流，点亮中华的希望与吉祥……

(男2) 君不见，
跨流域调水、供水保障，
为中国经济的腾飞插上翅膀……

（女3）君不见，
饮水安全，
亿万百姓告别苦咸，品尝到水的甘甜与芬芳……
（男3）君不见，
最严格的水资源管理，
让胡杨吐绿，丹顶鹤回家的“绿色颂歌”唱响……

（男1）历史进入了新千年，水利人面临着新的考量，
（女1）在冰冻雨雪的山川，
（男2、女2）在干旱皲裂的田野，
（男3、女3）在地震、泥石流的堰塞湖旁，
（男合）我们用青春和热血，智慧和力量，

（女合）将献身、负责、求实的水利精神广为传扬……

（男合）这是用拼搏描绘的气壮山河的历史画卷，
（女合）这是用奋斗奏响的惊天地、泣鬼神的时代交响！
（男1）都说划水无痕，水利万物而不争，
（女1）高山请你作证，江河请你传扬，
（男2）跨越五千年的沧海桑田，
（女2）前所未有的盛世华章，
（男3、女3）将新中国水利人的功勋，
（众合）铭刻在伟大祖国的壮丽江河上！

（男1）看今朝，加快水利改革与发展的集结号已经吹响，
（女1）在这庄严、喜庆的时刻，
（众合）党啊，我们向您宣誓

(男2) 为了民生的福祉，
(女2) 为了国家的富强
(众合) 我们一定会在新世纪的历史跨越中再铸辉煌!

（本文属集体创作，水利部发展研究中心唐京执笔，为“水利部纪念建党90周年诗歌朗诵会”演出作品，因反响较好，特收录于此）